智慧财富

人人皆可成为新型富豪

何惠石 ◎ 著

·南京·

图书在版编目(CIP)数据

智慧财富：人人皆可成为新型富豪 / 何惠石著.
南京：东南大学出版社，2025.5. -- ISBN 978-7-5766-
2085-6

Ⅰ．TS976.15-49

中国国家版本馆 CIP 数据核字第 202516V88Z 号

智慧财富：人人皆可成为新型富豪

Zhihui Caifu：Renren Jieke Chengwei Xinxing Fuhao

著　　者	何惠石
责任编辑	褚　蔚　　孙松茜
责任校对	子雪莲　　**封面设计** 王　玥　　**责任印制** 周荣虎
出版发行	东南大学出版社
出 版 人	白云飞
社　　址	南京市四牌楼2号(邮编:210096　电话:025-83793330)
经　　销	全国各地新华书店
印　　刷	南京玉河印刷厂
开　　本	700 mm×1000 mm　1/16
印　　张	11.75
字　　数	161 千字
版　　次	2025年5月第1版
印　　次	2025年5月第1次印刷
书　　号	ISBN 978-7-5766-2085-6
定　　价	58.00 元

本社图书若有印装质量问题,请直接与营销部联系,电话:025-83791830。

PREFACE 自序

您有意或无意间翻开的这一本《智慧财富：人人皆可成为新型富豪》，或许是国内第一本专题研究智慧财富的正式出版物。随着阅读的深入，您将会接触到一种具有颠覆传统意义的新型财富观。而当您读完全书，一个坚定的信念就会油然而生于心中：每一个人，哪怕是再普通再卑微的人，都可以通过自己的努力，成为新型富豪。

俗话说"人为财死，鸟为食亡"。财富，多么诱人的字眼！在世俗的认知里，"财"是指金钱，古代是指金子、银子、铜板，现代是指纸币、硬币、外汇。"富"是"屋檐底下一口田"，意味着家里殷实，不愁吃不愁穿。因此，"财富"的字面意义就是代表着物质的丰富，有钱花、有饭吃、有衣穿、有房住、有车开。也有专家称：凡是具有某种形式能力的物质，统统称为财富。

在日常生活中，但凡有关财富的话题，总脱不了一个"钱"字。是的，在当下社会，说到财富，一般就是钱的代称。富豪榜就是有钱人榜。笔者阅读过数十本有关财富的书籍，每一本毫无例外讲的都是如何做生意、如何赚钱、如何钱生钱。

你看，一个概念，一个常识，在人们头脑里一旦被固化，就会如何顽强地影响人们的生活、影响人们的行为。财富就是钱，这种狭隘的带有偏见的财富观，误导着人们的认知，让人产生了错觉，怂恿了一切向钱看的社会价值倾向，产生了许多连锁的负面影响，引发了许多本可以避免的沉痛教训和痛心疾首的案例。笔者不想在这里举出一个个具体的案例，它们每天都在我们的生活中发生着。

财富是什么？财富是钱币、是股票、是基金？财富是房产、是豪车、是一切可以用来享受的物质吗？这些东西当然属于财富，但不等于财富的全部。财富还有比这些物质的东西更为高级的存在，还有比这些物质的东西更为高贵的境界，还应该有比这些物质的东西更为宽广的疆域。

财富，人类千百年来，天天与之打交道的财富，至今还没有被识尽庐山真面目。从某种意义上说，人们对于财富的认知，还只是认识了财富的"冰山一角"，还在等待着我们在与财富打交道的过程中，一步步撩开它那神秘的面纱。

人类文明演进到今天，我们对于财富再也不能抱着传统的陈旧偏见而不肯放弃，我们应该为财富开拓出一片从未抵达过的、具有本来面目的新境界、新天地。

当一种新型的财富观一走进我们认识和思考的视野，我们就会震惊地感觉到：与传统的财富观相比，它有着慈悲高贵的独有风范；有着像磁石一样的强大磁场。这既是一片亟待开发的处女地，又是一个无论怎么形容都不会被高估价值的客观存在。

这个新型的财富观就是——智慧财富。

智慧财富不仅包括了物质财富，而且包括了精神财富。我们应该将智慧财富作为一个常识化的称谓，出现在社会生活的所有语境中；应该将智慧财富作为一个日常化的身份，融入日常生活的所有场景中。让智慧财富以物质与精神的两重滋养，赐予我们幸福、快乐和完美。

当笔者在2020年开始写作本书的时候，发现有关智慧财富的研究尚是一片空白。即使在网络信息平台搜索到一些零星的智慧财富条目，其内容还是关于钱或金融，并没有突破传统财富观的箱体思维。因此，面对智慧财富这样一个富有挑战性的研究课题，我觉得有话要说。既然有话要说，就应该和盘托出，于是，就有了这本由思考变为文字的《智慧财富：人人皆可成为新型富豪》。

本书共分为三个部分。第一部分主要阐述智慧财富的理念，这里既有对传统财富观的理性思辨，又有对智慧财富观的全新阐述，行文不拘一格，篇幅不计长短，旨在把笔者有关智慧财富的理念表达清楚。第二部分主要从个人、家庭和企业三个层面分别列出智慧财富的体系组成，里面详细提供了个人、家庭和企业不同层面的智慧财富组方选择，并一一加以阐述，以供读者根据自身需求选择自我设计。第三部分主要关于如何付诸行动，也就是如何创造智慧财富。里面既有笔者关于创富的行动建议，也有行动方案的设计以供参考。

本书的写作采用自由率性的随笔漫谈方式，在写作的过程中，并没有过多考虑篇章结构的规范，而是有感而发，随时记下，真正做到有话则长、无话则短。所表达的所有理念和观点，也仅是笔者的一家之言。尽管本人力图将"智慧财富"这一新型的财富观表达完整清楚，但终究缘于笔者的学养和水平所限，书中定有一些不妥或未说透之处，有些观点可能还有待进一步商榷和探讨。稍感宽慰的是，好在学术的研究是开放性的，是鼓励百家争鸣的，所有基于良心与责任的参与，都是值得倡导的。

期望本书的出版，能起到抛砖引玉的作用，期待能引发对"智慧财富"这一经济学范畴的全新课题更深入更系统的研究，让智慧财富由理念上升为理论，在实践中不断丰富其内涵，并作为一种社会性常识融入社会生活的各个层面，包括普通人的日常生活中，进入到社会文明的所有领域中，让智慧财富在人们的创造中得到最充分的涌流，并为全人类的幸福服务。

2025 年 1 月

CONTENTS 目录

第一部分 理念篇——开启智慧财富新境界

003 关于财富的认知
- 003 人类财富一直在变换着自己的面容
- 004 托夫勒对财富学说的巨大贡献及其局限性
- 005 中国的首富会住在3万美元买的小房子里吗?
- 006 还有比世界首富更富裕的人吗?
- 007 世界著名科学家霍金对待金钱的态度
- 008 人间十大奢侈品,竟没有一个与金钱有关
- 009 人类财富的积累像在做堆积木游戏
- 010 金钱是天使还是魔鬼?

012 财富的理念不应被囚禁在金钱的箱体里
- 012 财富的理念不应被囚禁在金钱的箱体里
- 014 银元不得不向着干低下高贵的头颅
- 017 为什么钱很多反而幸福很少呢?
- 021 能不能走出"富不过三代"的魔咒?
- 022 谁才是真正的富豪?
- 025 让财富拥有慈悲高贵的气质

029 财富观正在发生着革命性变化
- 029 有钱人不等于就是富豪
- 030 有形的标尺无法度量财富的价值
- 031 对财富的探索需要增加一个维度
- 032 生命的过程,即创造财富及其价值的过程
- 033 欲望可以提供追梦的动力,但也可以让其失去理智
- 034 关于财富的理念,正在发生着革命性的变化

036	**开启智慧财富新境界**
036	智慧财富的内涵和特征
039	智慧财富与马斯洛的需求层次理论
042	智慧财富是一个均衡丰富的体系
044	智慧财富与传统财富观最迥异的理念
045	构筑好智慧财富的未来宏图是毕生要做的功课

第二部分　财富篇——价值无限的智慧组合

049	**个人智慧财富组方**
049	健康——人生第一财富
052	时间——比金子还宝贵
055	信用——立身之本
058	格局——等于财富的外延边际
061	心态——安身之本
062	兴趣——创富之源
065	习惯——事关财富命运
068	技能——家有黄金万两，不如薄技在身
071	知识——改变命运
075	修为——财富的质量之本
078	阅历——无形资产
081	智慧——无价之宝

085	**家庭智慧财富组方**
085	家风——传家宝
088	人丁——兴旺与否的象征
089	环境——幸福感的重要考量
091	和睦——家和万事兴
092	亲情——比金钱更重要
093	平安——长安方能久富
095	管理——也是在创造财富

098	**企业智慧财富组方**
098	使命——动力、方向与价值观
100	愿景——激励、目标与理想
103	团队——核心、互补与合力
106	品牌——无形资产、知名度与影响力
109	战略——使命和愿景的实现路径
112	文化——情怀、归属感与凝聚力
115	技术——实力、潜力与竞争力
118	治理——模式、机制与运作系统

121	**智慧财富的百变之脸**
121	每一个智慧财富体都有独一无二的面孔
122	你希望你的智慧财富之脸是什么模样呢？
123	智慧财富的独特品性：可以超越人的生命周期

第三部分　创造篇——人人皆可成为新型富豪

127	**智慧财富创造的N个特点**
127	生活即创造
129	学习即创造
130	创造与享受同步
131	智慧财富的创造是可以一夜"暴"富的
132	付出与增值同时发生
133	一生都在创造财富，直至生命的终了
134	智慧财富具有一荣俱荣、一毁俱毁的特点
135	智慧财富不仅表现为量，同时也表现为质
136	智慧财富创造和累积的过程可以呈复式多头并进
137	智慧财富可以一代一代接续传承和接续创造

139	**角色塑造**
139	你要成为一块海绵
141	你要成为一块磁石
143	你要成为一把犁
144	你要成为一团火

147	**开始行动**
147	规划是开始创富的第一个行动
148	投资是财富增长的必要手段
151	付出是智慧财富创造的一种方式
155	记录是智慧创富的一大秘诀
157	智慧财富的管理是一门学问
161	打造智慧财富之锚

165	**让每一天都处在智慧财富创造的愉悦之中**
165	我们每一天都可以创造财富
167	如何让自己处在智慧财富创造的愉悦中呢？
168	从今天开始，定投你的人生
169	学会生活中的排列组合，每天做好最重要的事情
172	集中人生资源，攻其一点，争取某一方面的成功
174	你准备好了吗？

175	后记

第一部分　理念篇

开启智慧财富新境界

　　财富，并非仅是金钱的代称。人间的十大奢侈品，没有一个与金钱有关。财富应该具有更为慈悲高贵的名分，更为丰富的内涵和宽广的疆域。

　　传统的富豪，只能算是有钱人；富豪榜，只能算是有钱人榜。那么，谁才是真正的富豪？

　　随着人类文明的不断演进，一个具有颠覆性意义的财富观正在呼之欲出。这一新型的财富观将作为一种社会性常识，渐渐融入人们的日常生活中，融入社会生活的所有场景中。

　　这就是——智慧财富。

第一部分　理念篇——开启智慧财富新境界

关于财富的认知

人类财富一直在变换着自己的面容

财富，无数人触摸过它、拥有过它、研究过它。关于财富，不是一个临时性话题，而是一个永久性话题；不是一个个别性的话题，而是一个全人类共有的话题；不是一个可有可无的话题，而是一个必须有的重大话题。

财富伴随着人类文明的脚步，一直在变换着自己的面容。劳力经济时代，财富的概念简单明了，财富就是食物等用于解决基本生活的物质；资本经济时代，财富的概念聚焦为资本，或者是另一个代名词——金钱。知识经济时代，财富的内涵和外延得到了极大的丰富和延伸，财富不再是资本的代名词，资本只是财富体系中的一部分，财富还包括了其他更重要的部分，比如知识产权、数据、流量等等。而在未来的智慧经济时代，财富体系的变革将是一个颠覆性的过程。金钱在未来财富体系中的地位将不再是霸主性的，而只是其中的一小部分。金钱在这个未来的财富体系里，将不可能像以往那样太任性、太霸道。

可以预见，随着人类文明的不断演进，一种新型的财富观将呼之欲出，这是不以人们的意志为转移的必然到来的趋势，因为，这也是人类文明进入到更高级阶段不可或缺的组成部分。

诚然，我们不能消极地等待这种全新财富观的自然降临，应该以积极的态度从历史的纵向轨迹上探寻财富观的演进趋势，并揭示新型财富观的特征、内涵和价值，去开启与人类社会未来经济形态相匹配的人类财富新境界。

托夫勒对财富学说的巨大贡献及其局限性

阿尔文·托夫勒(美)在《财富的革命》一书中，认为有三种截然不同的财富创造体系——犁、生产线和计算机是不同的代表，这为我们观察财富的形成、转移、创造和积累，提供了重要的启迪意义。

毫无疑问，托夫勒的财富观是在有关财富理论研究上的又一个重要里程碑，对丰富人类财富理论作出了重要贡献。诚然，如果我们动态地追踪观察人类整个财富创造的生动现实和演进趋势，就会惊奇地发现，还有一种更为高级的财富创造体系，它们的代表是模式、模型、平台、标准、数据和系统等等以互联网为依托的非物理性平台，这是又一种以最新高科技成果为支撑的财富创造体系，它将再一次颠覆人类关于财富创造的传奇和神话。但问题是，我们的观察和研究还不能就此打住，人类思维触角的神奇之处就在于它可以伸展到更远更广阔的空间。

从更深远的意义上说，或者从更高更宽阔的视野上观察，托夫勒的财富革命还不能算是最彻底的革命。他的财富观还有一定的时代局限性，还没有打破传统财富观念的箱体思维。他的财富革命还只是维持在物质财富这一层面上的拓展，并没有将财富革命的目标引向人类的精神财富这一更为巨大的无形财富，而这些无形的精神财富与物质财富比较起来，其价值应该说旗鼓相当、平分秋色。物质财富和精神财富的两轮并驾齐驱，推动着人类文明不断迈向更高的层次和更为广阔的天地。因此，人类财富最终必须依靠人类的智慧来统帅、来引领，人类财富体系的外延理所应当地囊括所有的物质财富和精神财富。

第一部分　理念篇——开启智慧财富新境界

只有将人类的整体智慧注入到财富观中去，使人类对财富有一个完整的把控，使人类的财富成为一个内涵和外延完整表达的科学体系，我们可以把这个完整的财富体系称之为智慧财富体系。尽管这个新型的智慧财富体系目前还没有被真正地或者权威地命名、定义和认可，但这并不要紧，随着人类文明的不断演进，人类对于财富的理解将愈来愈清晰和理智，智慧财富体系终将呼之欲出，并逐渐地为全社会所接受，且成为广泛付诸实践的社会性常识。

中国的首富会住在3万美元买的小房子里吗？

可以肯定，中国改革开放的几十年，是经济社会的高速发展期，是物质财富的快速增长和积累期。这种物质财富的积累速度，甚至超过了以往任何一个时期。与此同时，也涌现了数以千万计的富豪，形成了一个手握雄厚物质财富的富豪阶层。他们中的一部分人甚至还有另外一个称谓：土豪。他们过去也曾经是穷光蛋，经过数十年的打拼后他们发财了，钱袋鼓了，成了富甲一方的暴发户。他们觉得确实不能年华虚度，应该好好享受一番了，于是开始迷恋挥金如土的豪阔生活。在大家的周遭，一定看到过这样的百万富翁、千万富翁，甚至亿万富翁。其实，人们只是看到了他们物质生活豪阔的一面——豪宅豪车以及超出常人想象的土豪生活，但如果用智慧财富的标准稍加对照，其实，这其中的相当比例者，实在让人感觉有些可怜，有些寒酸，有些贫困。在精神享受的层面上、在心灵愉悦的程度上、在幸福感的整体体验中，他们真的只能算是生活在社会的底层。

据说，世界首富巴菲特还住在几十年前花三万美元买的小房子里。由此笔者联想，如果中国出现像巴菲特一样有钱的大富豪，他会愿意像巴菲特一样还住在价值三万美元的小房子里吗？

更多的时候，人们似乎都感觉缺钱，都在想方设法挣钱，甚至连做梦都在想如何搞到钱。但当一个人真正拥有了足够多钱的时候，问题又来了——他可能又会处于一种茫然的状态：钱到底是干什么的？一不小心钱反而变成了包袱，被囚禁在钱袋子里而不能自拔。

传统富豪往往集物质的富裕和精神的贫乏于一身，让人生总感觉不完美、不幸福，总感觉缺少点什么，因为物质的享受仅仅满足肉体的享受，而精神的享受才是愉悦灵魂的享受。

还有比世界首富更富裕的人吗？

据说，曾经有人问世界前首富比尔·盖茨："世间还有没有人比你更富裕？"盖茨答："有啊！有一个人就比我富裕。"然后他说了以下的故事：

当年我还没有钱，也没有名。我在纽约机场碰到一个卖报纸的小贩。我想买份报纸，但口袋里零钱不够，所以决定不买了，就把报纸还给他，我告诉他自己零钱不够。

小贩说："这份报纸免费送给你！"在他的坚持下，我拿了那份报纸。很巧的，两三个月后，我又抵达同一座机场，发现自己零钱又不够买份报纸。那个小贩又要送我一份报纸。我拒绝了，我告诉他我的零钱仍不够。他说："拿去吧！这是我从我的利润里拿出来的，没有赔本。"

19年后，我出名了，大家都认识我了。突然间我想起了那个小贩。我开始去找他。一个半月后，我找到他了。我问他："你记得我吗？"他说："记得啊！你是比尔·盖茨。"

"你还记得你免费送我的报纸吗？"

"记得啊。我送了你两次。"

我说："我要回报你当时给我的帮助。你要什么，只要告诉我，我马上帮你实现。"小贩回道："先生，你不觉得你这样与我对你的帮助不能相比吗？"我问他："此话怎么讲？"他说："当我只是个贫穷的报贩时，我竟帮助了你；现在，你已成为世界上最富有的人，才试着想要帮助我。你的富帮忙怎么能和我的穷帮忙相提并论啊？"

那时，我才忽然领悟到那个小贩比我富裕，因为他没有等到自己有钱了再来帮助别人。

人们必须明白：真富裕是拥有一颗富裕之心，而不是仅仅拥有许多金钱……

这个比尔·盖茨与报贩的故事是不是真实发生的，笔者无法作进一步的考证，但这并不妨碍我们得出一个结论：在金钱以外，还存在着比金钱更为珍贵的财富，比如善良、真诚等等。物质的富有还不算真正的富有，只有物质和精神同时富有才算真正的富有。

世界著名科学家霍金对待金钱的态度

在八年前，我看到过网络媒体上一篇有关世界著名科学家霍金对待金钱态度的报道，很有启迪的意义。这篇报道的题目是《霍金：一身铜臭不该是我们的终极追求》，我把它转录于此，让我们一起分享霍金的金钱观。

2016-07-30 IT之家讯　7月30日消息，著名物理学家霍金最近接受了一次采访。在采访中，霍金发表了自己对于金钱以及人类生活意义的看法，他表示"金钱不过是达到目的的一种手段"。霍金讲话原文如下：我认为钱是一种催化剂，是一种为达到目的而采取的手段，目的可以是为了安全、健康或是其他一些想法，金钱本身不是目的。人们开始质疑纯粹的财富价值：知识和经验比金钱重要吗？财产会成为我们的障碍吗？我们能够真正拥有任何东西，或只是暂时的管理者呢？

霍金相信新一代的年轻人正在重新定义自己的价值取向,今天人类正面临着多重挑战。比如全球的气候变化问题、粮食短缺、人口过剩、物种灭绝、病毒肆虐等。人类唯有携手合作,方能继续生存。

作为世界著名科学家霍金的金钱观,具有洞穿世俗财富观的意义,所给予人们关于金钱的思考,具有振聋发聩的冲击力。

人间十大奢侈品,竟没有一个与金钱有关

据报道,美国《华盛顿邮报》评选出的人间十大奢侈品,竟没有一个与金钱有关。这人间十大奢侈品是:

1. 生命的觉悟。
2. 一颗自由、喜悦和充满爱的心。
3. 走遍天下的气魄。
4. 回归自然,有与大自然连接的能力。
5. 安稳而平和的睡眠。
6. 享受真正属于自己的空间和时间。
7. 彼此深爱的灵魂伴侣。
8. 任何时候都有真正懂你的人。
9. 身体健康,内心富有。
10. 能感染并点燃他人的希望。

毫无疑问,上述十大奢侈品,对于每一个人来说,都是价值高于金钱的精神财富,都是不可多得的无形资产。在我们的现实生活中,每个人都渴望拥有,却又显得非常的稀缺。这是不是值得我们每一个人都应该反思:我真正富有了吗?这人间十大奢侈品,我究竟拥有了哪些呢?当我们逐项进行自我权衡检视的时候,是不是觉得有点儿自感愧疚呢?

在生活中，我们往往奔波于挣钱的路上，这当然没有错，生活中的柴米油盐、吃穿住行都要用金钱来打发。但我们有没有从生命的意义上深度思考过：我们活着到底是为了什么，仅仅是为了能张嘴说话、能用脚走路这样活着吗？仅仅是为了一日三餐活着吗？人生的幸福仅仅是这些生理层面、物质层面的需求满足吗？难道不需要精神层面的享受吗？难道不需要灵魂深处的愉悦吗？仅仅有金钱，能满足这些人间奢侈品的获得吗？

这确实是一个令人深思的人生话题，也是令人深思的财富话题。

人类财富的积累像在做堆积木游戏

人类财富的积累似乎像在玩堆积木游戏。人类投入全部的精力创造财富、积累财富，可是突然有一天会因为一部分人的任性发作和疯狂行为，将积木推倒、前功尽弃，这就是——人类的战争。人们用汗水和心血千辛万苦积累起来的财富，被无端的战火焚烧、吞没。全球财富积木的大厦被一次次推倒重来，最残酷最不堪回首的就是两次世界大战，至今人们还记忆犹新。这无疑是人类财富的两场浩劫，不仅无数生灵涂炭，而且让无以计数的财富被毁于一旦，让人唯有向天长叹，欲哭无泪。时至今日，那些对待财富的恶行依旧没有绝迹。在局部的区域，财富的积累时不时遭到政治的绑架和战火的肆虐，多少财富被无辜地成为冲突、战争的牺牲品和陪葬物。我们还可以观察到在更小的范围和层面，财富是如何被创造、被积累，又是如何被人为挥霍、被人为损毁的。这里就不一一举例了。

其实，在最微观的环境里，我们也可以看到这种财富的积累和消耗如玩堆积木游戏一样的景象。比如在一个家庭中，一代接一代的努力，积累了比较殷实的家产，有房有车有存款，但不幸出了一个吃喝嫖赌五毒俱全的败家子，没经几番折腾，很快就败光了所有的家产，还欠下了一屁股的债。再比如，一家企业从小作坊起步，在企业创始人的千辛万苦下，一步步壮大起来，积累了比较雄厚的实力。但"企二代"不争气，不思进取，躺平于已有的基业，还整天陶醉于花天酒地的享乐中，听任企业产品被市场淘汰，最后的结果是企业破产、债台高筑。

俗话说得好："攒钱好比针挑土，花钱犹如水冲沙。"正如《桃花扇》中一句有名的唱词："眼看他起朱楼，眼看他宴宾客，眼看他楼塌了。"钱财来得很慢，去得却很快。财富真的就像孩童玩的堆积木游戏，一会儿堆得高高，一会儿又被推倒。对待财富的态度决定了财富的结局，实在发人深省。

金钱是天使还是魔鬼？

在当今社会，无人能够彻底逃避金钱的影响力。作为交换的媒介、价值的度量和财富的象征，金钱对于人们的生活、对社会的运行均产生着无所不在的影响。然而，关于金钱到底是人类进步的催化剂还是道德堕落的渊薮，人们始终争论不休。有人说，金钱是天使，也有人说金钱是魔鬼。

其实，金钱本身并无善恶之分，它既可以是带来幸福生活和促进社会发展的天使，也可以是触发人性阴暗面的魔鬼。真正的关键在于我们如何理解金钱，如何把握对金钱的追求，以及如何在金钱面前坚守道德和法律的底线。

金钱到底是天使还是魔鬼？其实金钱既不是天使，也不是魔鬼。在任何时候，金钱都在履行着自己的职责。只是拥有金钱的人、使用金钱的人，有些充当着天使、有些扮演着魔鬼的角色。

第一部分　理念篇——开启智慧财富新境界

可悲的是，有时候有人对金钱的巨大拥有并没有带来巨大的喜悦，甚至往往表现出一种不知所措的堕落，而这种堕落正在慢慢地吞噬着生命的意义。比如，对金钱的肆意挥霍，并且这种挥霍影响了别人对生命的自尊；比如，对生命短暂的恐惧；比如，对所从事工作的漫不经心和消极，影响了社会的风气等等。此刻的金钱对这个人而言就成了魔鬼。

因此，金钱是天使还是魔鬼，对于一个人说，是一道选择题。设问：如果让你拥有一个亿，而可能要失去自由，你到底选择一个亿，还是选择自由？现实中，许多自认为高智商的人们并没有选择准确，直到走进监狱的大门时，他们才后悔自己选错了答案，但为时已晚。人生在无数个这样的路口需要作出抉择，一不小心，就走进了错误的岔路，掉进了充满诱惑的陷阱。生活中，有些人因为拼命地捞钱，最后一不小心，把大好前程都毁掉了，甚至把命都搭进去了。

笔者读过一篇文章，有一段话讲得特别好："金钱此时是天使，彼时是魔鬼。金钱使你的物质和精神都富有时，金钱便是天使；当金钱给你消除一项贫困又给你带来另一项贫困时，金钱便成了魔鬼。"

选择权在每个人手中，选择务必谨慎。

财富的理念不应被囚禁在金钱的箱体里

财富的理念不应被囚禁在金钱的箱体里

如果您光顾书店，目之所及，会有关于财富的或者如何创富的书籍在向您频频示意，吸引你的眼球，但您不用打开就会知道，里面所讲的财富都是与金钱有关的东西，就是教你如何赚钱、如何理财，财富在这里与金钱画了等号。对此，不得不表示我们的惊讶：人们对待这个常识性的问题，却总是犯常识性的错误。财富的内涵在不经意间被稀释了，被"瘦身"了，外延在不经意间被打折了，被戴上枷锁了。

财富不等于金钱，金钱只是财富中的一部分，财富的理念不应被囚禁在金钱的箱体里，财富应该有比金钱更为宽广的边际。笔者从来不相信，一幢由金钱独柱支撑的所谓财富大厦会经久百年。财富不等于金钱，富豪不等于有钱人，创造财富也不等于仅仅挣钱。财富正在展现出五彩斑斓的色彩，并非只是铜臭味，它带着知识的清香、带着文化的高贵、带着精神的圣洁、带着智慧的光泽。在人类文明的舞台上，财富将冷不丁来个华丽转身，冷不丁来个质的飞跃，冷不丁来个脱胎换骨的形象重塑。

我们看到或者听到社会上有不少这样的例子发生：因为父母走后留下的遗产分割而闹纠纷，闹到最后，本来吃一锅饭长大的兄弟姐妹竟不顾亲情，陌同路人，老死不相往来。他们没有认识到，亲情也是财富，和睦的家庭关系也是一种财富，人生的安全保障也是一种财富，而且这些财富比物质的财富更稀缺更珍贵。难怪有些亿万富豪甚至发出这样的哀叹:"现在我穷得只剩下钱了。"有些人有了钱,老婆(老公)离开了,孩子的学业荒废了,成不了材了;有的亲人冷眼,朋友疏远;有的结仇记恨甚多,惶惶不可终日;有的一身病痛,郁郁寡欢,生不如死;有的英年早逝,把性命都搭进去了。这样的例子不在少数,令人扼腕叹息、唏嘘不已。

笔者认识一个年轻人,他身体健康,但没有正当的职业,每天无所事事。他告诉我,自己觉得很空虚,一无所有。我跟他说"你怎么能说自己一无所有呢?"他问:"我还有什么呢?"我告诉他:"在我的眼里,你很富有,或者称得上是一个富豪。"他朝我笑笑道:"算了吧,你是不是在调侃我嘲讽我?"我认真地告诉他:"第一,你有一个健康的体魄,第二,你很年轻,不到四十岁,做什么都来得及。第三,你有文化,文凭不算硬气,至少也是职高学历。第四,你虽然没有做成什么,但至少大家认为你人品还可以。这些都是你的财富,就凭这几条,我觉得你有着不是所有人都拥有的财富,甚至可以算得上富豪了。"他疑惑道:"这也算财富吗?"我说"当然算"。我问他:"如果有人拿一个亿跟你换30年寿命,你换不换?"他说肯定不换。我再问:"如果有一个病危的亿万富豪愿意拿他的全部家当换你的健康,你换不换?""当然不换。"他连思考也没有思考就回答。我说:"这就对了!你现在应该认识到自己的富有了吧?应该同意我的观点了吧?"他点点头。我继续跟他解说:"健康是财富,年轻是财富。有了这两样,就叫作'留得青山在,不愁没柴烧',关键是如何利用你的富有和资本去创造更多的财富。"

还有一回,笔者听一个有钱的老板和一位学者朋友聊天。老板自认为即便不是亿万富豪,也至少有数千万家当,话语间当然不免流露出几分得意,而那位学者朋友也很有底气地说:"比钱我当然比不过你,但我也不差,我有的财富,你可能也没有。我培养了两个博士儿子,我自己是教授，教出了数百学生，我还有十几项学术成果为全社会所利用，另外我有充裕的时间享受书本给我带来的文化美味和精神大餐，而且我会外语，可以毫无障碍地去享受整个人类文明的精神文化成果。这些你都不具备吧？"我在一旁打圆场说："你们都很富有，最好钱也要有，文化也要有，下一代也要有出息，这样才算功德圆满。这或许就叫财富的智慧，或者，就叫它智慧财富吧。"智慧财富！大家的眼睛一亮，似乎悟到了什么新东西。

上面提到的例子，在生活中绝非个例，而是俯拾皆是。在世俗的眼光里，财富就等同于金钱。尽管我们平时在口头上也会说，健康是财富、时间是财富、亲情是财富，但在真正落实时，或者在直接面对的紧要关头，有些人还是选错了答案。不用说个人，其实整个社会的大体情况也是如此。我只举一个小小的例子即可说明：那些每年排定的富豪榜，或者叫财富榜，是不是只是以币值论英雄的，有没有参考他对社会的贡献度？那些创造了伟大科技成果的科学家有没有机会进入富豪榜？那些著作等身、为社会提供了丰富精神食粮的学问家和思想家有没有进入富豪榜？都没有。我相信，绝大多数的传统富豪都是通过自己的打拼和经营积累起亿万金钱的，但与上面提到的那些科学家、学问家、思想家们相比，到底谁才是真正意义上的富豪呢？或者说，那些科学家、学问家、思想家该不该列在富豪榜上呢？

财富的理念不应该被囚禁在金钱的箱体里，富豪榜也不应该是有钱人的专有席位。

银元不得不向著干低下高贵的头颅

智慧财富不是一个小家子气的说法，而是一个全新的具有颠覆性和革命性的财富观和一个宏大的财富体系。在智慧财富的理念面前，所有

第一部分　　理念篇——开启智慧财富新境界

关于财富的论述和理论都将被覆盖、被重塑，所有的财富体系都将被扬弃、被重构。财富不再仅仅具有金钱或者物质的属性，而是物质文明和精神文明的有价值的存在。它可能是金钱，也可能是土地、厂房、矿产；也可能是一部优秀的文学作品，或是某一个具有突破意义的科研成果；有可能是某一个代表着人类进步的思想，或者也可能是代表了人类共同倾向并得以遵守的一种价值观、一种制度；再或者，也可能是一种健康的生活方式，或者是一种良好的生活习俗；也可能是对未来的一种洞见、一种预测；再或者，也可能是一种社会的信用，或是一个集体、个人的信誉和品格；更或者，也可能是一种良好的人际关系，或是一种有益于稳定和进步的社会形态，如此等等，将囊括全球物质、生态和人类文明的全部。一句话，这里所表述的智慧财富是全球物质、生态和人类文明的总和，包括了人类目前认知范围的所有有价值的存在和尚未认知到一切有价值的存在。从某种意义说，智慧财富是开放性的、集合性的，它一直在无限的变量之中，有时减少，有时增加，有时聚集，有时分散。这一切变化的发生，如果从宏观的角度观察，这种变量完全取决于人类的整体倾向性、选择性；如果从微观或者从中观的角度观察，这种变量则取决于某一国家、某区域、某一单位或某一家庭和某一个人的行为选择和价值观倾向。

在智慧财富的总和中，金钱的地位已经微不足道，可能不及百分之一，或者千分之一。这里，我们不是故意要贬低金钱的地位，而是客观的现实就是如此。我们可以稍微举一点带有常识的例子，看看实际的情形是否果真如此。先举几个带有宏观一点的例子：例如，拿目前人类创造的物质财富，比如城市、比如铁路公路等等，与地球的自然生态相比，孰轻孰重？哪个更有价值？城市小一点，没关系；铁路短一点，也没关系。如果全球的生态系统遭到毁灭性破坏，那再有超级规模的城市，或者有环绕地球几圈的铁路，又有什么意义和价值呢？再举一些例子：例如，我们可以判断一下，如果拿一千亿的现金与一部《易经》比，与《圣经》比，与孔子的学说比，与爱因斯坦的《相对论》比，到底哪一个更有价值呢？读到这里，有人肯定会质疑，这有可比性吗？当然，这种比较有一点牵强的味道，但笔者据理力争要表明的是：金钱的作用往往是可以计量的、是有限的，而囊括了人类文明的智慧财富中的很多部分，是不可计量的，是价值连城，甚至是价值无限的。因此，作为传统财富观的金钱，不可能这么任性、这么霸道、这么自以为是。

随着人类社会向更高级更文明的方向不断演进，传统的财富观必须也必然会做出与时俱进的扬弃。金钱的筹码已经无法撬动人类文明的价值之重，智慧财富的面容将展露出神圣而不容蔑视的气度。人类对智慧财富的认同，实际上是一种财富价值观的复位。智慧财富本来就是如此，客观地存在于我们的现实社会里，存在于我们的生活中，并无时无刻不发挥着作用，只是我们没有叫得出它的名字，或者没有捅破这一层窗户纸。实际上，智慧财富的名字不是唯一性的，它可以是多样性的，可以允许有这样那样的表述，但智慧财富的本质是相同的。正如一个人可以有很多个名字，但人还是这个人。

即使我们绕过宏观的角度，从最微观的角度，也可以举出很多有趣的例子。笔者记得，小时候母亲给我讲过这样的一个故事：有一年闹洪灾，一个财主和一个穷人都挤在一条船上逃命。财主随身带出来一袋银元，而穷人带出来一袋薯干。船在不停地漂流，一天接着一天。饿了的时候，财主无食可以果腹，只能听听袋子里银元"叮叮当当"的声音，但无法解饥，而穷人饿了就啃一点薯干。两三天后，财主终于饿得支撑不住了，跟穷人商量，请求拿自己的银元换一点穷人的薯干。而穷人说不是他不肯换，他的薯干本来就不多，不知道还要漂泊多久，不舍得把自己的薯干换给财主。又过了很长时间，财主饿得快要不行了，这一次

第一部分　理念篇——开启智慧财富新境界

不是商量，而是哀求穷人，一定要换一点给他，救他一条命。穷人实在感到不能见死不救了，就答应了财主的哀求，一块银元换他的一块薯干，这样才救了财主的一条命。这个故事，如果抽去道德的考量，纯粹从财富的角度看，金钱在一定的环境中、在一定的条件下，并不那么风光，而是不得不低下高贵的头颅，向卑微的薯干乞讨。金钱不是万能的，有时候它真的一文不值。在一场洪灾面前，银元轻而易举地败在了薯干的手里，岂不是有点调侃讽刺的意味。像这样的过招，我们还可以举出无数例子。大家依然能记得，在经历不久的"新冠"疫情发生之初，竟然再多的钱也很难买到一只口罩，岂不又是一个有点儿残酷的例子吗？

将智慧财富的理念引进我们的生活中，让智慧财富成全我们的平安和幸福，我们就完全可以凭借智慧财富体系所给予的保障和安全感，从容地应对生活中发生的一切，完全可以比现在活得更笃定一些、更精彩一些、更有幸福感一些。

为什么钱很多反而幸福很少呢？

据说有专家作过调查分析，全世界最有幸福感的区域是非洲。这个结论简直有点不可思议，甚至感觉有点儿荒唐。在我们的印象里，非洲的画面总是：黑人居住的地方，有的还衣不遮体，有的还像原始社会，低矮的草棚，到处脏乱差，到处都是贫民窟。无论是气候环境之恶劣还是社会环境之动荡，都是差强人意的，怎么会是最有幸福感的区域呢？

由此我联想到，媒体常有报道，一些很有钱的富豪们，他们的生活也不是一般人们想象中那么称心如意，富豪们有的抑郁成病，有的易暴易怒，有的形单影只、茕茕孑立，有的度日如年。这到底是怎么回事呢？不是说钱是万能的吗？不是说钱可以解决一切问题吗？答案是否定的。在特定的环境下，钱的作用是有限的，钱不能包打天下，不能解决所有的问题。笔者的朋友跟我说过这么一件事：他有一个朋友，生意做得不错，一年少说也有数百万元的利润。有一次，他的朋友却跟他说最近很烦恼，生意做得很糟糕，恨不得要跳江，但还是忍住了。于是他问朋友："今年赚了多少？"他的朋友告诉他说："很少，才几十万元。"这还少吗？对于挣工资的工薪阶层来说，这已经很满足了啊！可到了这位朋友那儿，却成了要跳江的理由，简直让人不可思议。这是一种情况——把钱看得太重，欲望太大，稍有不顺或不如意就自暴自弃。而笔者有一次碰到几个做粗活的农民工，身上满是泥、满是汗，干一天只有一百多元，但一副欢天喜地的模样。几个人在一起，一边干活一边开开玩笑，谈谈山海经。我看着他们开心的样子，就问他们："你们这么累，怎么还这么开心呢？"他们笑着说："你看我们累，其实我们习惯了，一点没觉着累，也没觉着苦。因为心里头没有啥心事，等一收工，弄碗老黄酒，搞几个菜，小酌一下，然后洗个澡，一觉睡到大天亮，天塌下来也与我无关，怎么会不开心呢？"看来，幸福感真不在于钱多钱少，而在于对待钱的态度。

笔者还遇到过一位女强人，开了公司，生意做得风生水起，规模越做越大，品牌的知名度也越做越高。表面上看似乎春风得意，可在私下里这位女强人竟然常唉声叹气，甚至朋友之间一开口交流，眼泪都下来了。她告诉我："你们看到的都是我表面的光鲜，其实在内心里我是痛苦的。因为我强势，老公稍微窝囊一点，结果做什么都合不到一起，最后就离婚了。钱赚了，感情没了，谈生意时似乎很热闹，但一个人独处时就有一种欲哭无泪的孤独感。"像这种赚了钱，却丢了婚姻、失去感情的例子，即使在笔者有限的生活圈里，也可以举出不是一个两个。

钱很多却为什么不快乐不幸福呢？还有一种情况，那就是——钱来得不"干净"。那些靠坑蒙拐骗不择手段得来的钱，那种靠偷逃税费钻政策空子得来的钱，那种靠贪污受贿得来的钱财，是不可能带来幸福和快乐的。因为这本来满是喜气的钱币，此刻已蒙上了不洁的名声和不安的阴影，这些钱币已经坠落为灾祸的种子，已经成为埋在身边不知何时会引爆的定时炸弹。钱在此刻不是吉祥之物，而是烦恼和担惊受怕的祸害之源，所以何来幸福可言呢？我曾看到媒体上报道，一个大贪在案发后痛哭流涕说："钱放在床底下，晚上睡觉就像睡在定时炸弹上一样，整夜整夜地心惊肉跳睡不着，连大白天也提心吊胆。"

当然，钱多了幸福反而少了还有其他方面的原因，其中一个重要的因素就是——财富的残缺不全。在这个财富的筐子里，除了钱，没有别的东西。前面我们说到过，一座豪华别墅里，找不到一张装满书籍的书柜；在一个有钱人的家庭生活中，找不到一本打开的书。这种情况并不在个别。因为没有确立一个智慧财富观，把财富的追求和拥有全部放在物质财富上，结果一旦目的达到了，却发现并没有带来幸福的感受。因为人的幸福感不仅来自物质的享受，更重要的是来自精神文化的享受和情感的滋润。如果没有精神文化享受和情感滋润的幸福，只能是单薄的、低级的幸福，即使再珠光宝气，只落得个俗不可耐。假若一个人无法享受到更高层次的精神文化和情感的幸福体验，也就没有真正的圆满的幸福感可言。

我们还可以找到其他钱多了反而幸福少的原因。举例说吧，有一个人在外面赚了很多钱，衣锦还乡，在老家盖了很高档的别墅洋房，筑了高高的围墙，与周边邻居家的房子一比，可谓鹤立鸡群。他开始有点得意，认为自己熬出头了，终于可以抬头挺胸一回了。其实，他这么一显摆，邻居可就不高兴了，说妒忌也可以，说仇富也可以，总之，既不过来点个赞，又不过来道个喜，即使对面碰着了，也是不冷不热地打个招呼，有时甚至连招呼也不打，像没看见似的就过去了。这个富豪住在别墅里，就像囚在牢笼里似的，活得一点也不开心。为什么呢？就是因为原来未发迹时那种邻里间的亲情友情已经荡然无存，只剩下隔阂、冷漠和妒忌。

当然，我们还可以举出更多的例子，其原因既有共性的，也有个性的，归结到一个，就是财富的比例失调——其拥有的财富无法满足幸福和快乐的全部需求，无法成为快乐和幸福的充分保障。正如上面所举例的，有的缺乏亲情友情爱情，有的缺乏精神文化方面的元素，使其无法享受到作为人的更高层次的幸福体验。有的家庭没有在教育上投资，使得下一代的培养很失败，不要说要指望下一代超过这一代去创造更多的财富，连传承守财都有点难呢；还有的个人或家庭只注意钱财的积攒，没有注重自身修炼和家风家训的培育，家庭成员之间为一点蝇头小利争长论短，大伤和气，也使家道元气大伤，毫无吉祥如意的氛围，富贵式微，颓势渐现，令人为之扼腕叹息。

当一个人钱很多而又感觉不幸福时，应该及时地反思审察，究竟是什么原因导致了这种感觉。笔者的建议是希望你鼓起勇气，重拾方向，以本书中介绍的智慧财富观来果断地作出调整，让你的财富不再是一堆金钱，而是既有金钱，又有健康、信用、亲情、友情、爱情，又有精神文化方面的丰富内涵；让你的财富具有干净、圣洁的灵魂，具有完美的组合，具有智慧的品格；让你的财富为你的幸福和快乐提供全方位保障。这个调整的过程，是一个智慧的取舍，是一个价值观的重塑，肯定不是轻松的过程，这可能是久违而充满阵痛的过程。但想要到达真正幸福的境界，这个坎是绕不过的，且这一个过程这个坎非要迈过去，你渴望的幸福才会向你招手致意。你是不是愿意张开双臂去拥抱那个正对着你微笑的幸福呢？

第一部分　理念篇——开启智慧财富新境界

能不能走出"富不过三代"的魔咒？

在社会生活的长河中，人们都希冀着家庭（家族）都能够一代比一代强、一代比一代富，但往往事与愿违，大多数都无法逃脱"富不过三代"的魔咒。

为什么富不过三代？最重要的原因之一：坐吃山空。有些富豪及他们的下一代都以为，他们的财富即使不再增加，十代八代估计也享不尽、用不完，子孙完全不需要再打拼了。正如上世纪初的地主有了几百亩地和一个几进门的大宅院，就可以今生无忧、下辈子也无虑了，因为一年的租金就是几百担谷子，大宅院也可以容纳几十号人丁。那时的一些所谓的资本家，有几个商铺或者几个作坊，似乎已经很了不得了，但放在今天，还值几个钱呢？因此，坐吃，总有一天会山空的。

"富不过三代"是因为，财富具有水一样流动的属性，会从一个地方转移到另一个地方，会从一个口袋进入另一个口袋，在你无意间流失得无影无踪。金钱有自己的执着和底线，它不可能顺从地被禁锢在劣迹斑斑的罪恶之地，它会以无声的沉默召唤正义和人性的介入，它会以不动声色的抗争，回应你无视公序良俗的行为。当你肆意挥霍或玷污金钱的时候，金钱也正好有了挣脱控制的机会，它会头也不回地绝尘而去。而且可以确定，它再也不会成为你的回头客，除非你良心发现，向金钱作出虔诚的忏悔，并表示对金钱的敬畏，用汗水和心血再次对它发出你的邀请，金钱这个高贵的公主才有可能回到你的身边。

还有一个更重要的原因，就是有些后代的创富能力不如前代。财富只有在不断的创造中才能增值保值，任何只做财富保管员的人，都无法守住财富。有人说自己手中拥有几个不错的门面，靠着房租一家人就可以活很滋润，何必还要去打拼呢？因此他不想让孩子像自己这辈人那么奔波和辛苦。是的，从眼前看，他们的生活态度无可厚非，但这其实是潜藏着风险的，风险只是暂时没有发生，或者没有预见到而已。他们不知道的是，这一切不是一成不变的，房产税、固定资产税、维护费等等，而且，房租也不是有确定性的，有时候升，有时候降，谁说得定呢？再加上如果地震，如果洪灾，还有其他不可预测、不可抗力的财富风险等等。因此，只有具备了创造财富的能力，最终才不会被饿死冻死。但是，创造财富的能力不是与生俱来的，必须是靠后天来学习和发展的。正因为如此，来地球走一遭的任何人都不要指望活得太轻松，都必须做好下苦功夫学习的准备，都必须有亲手去创造财富的能力和行动。

其实，要真正走出"富不过三代"的魔咒，不仅仅是要为下一代留下多少物质财富，更要为下一代累积和传承精神财富，包括良好的家风、做人的教养、高贵的品格、宽大的胸怀、创富的能力，等等。物质的财富终究要过时、腐朽、淘汰、流失，只有精神的财富才能传承百代，绵延千载。

谁才是真正的富豪？

如果判断谁是富豪，现实生活中最习以为常的标准就是，谁的钱多、资产雄厚，谁就是富豪。真是这样的吗？其实不是。标准定歪了，判断就跟着错了。如果按照谁的钱多、资产雄厚，谁就是富豪的标准，那富豪的队伍里，就混进了许多穷得只存下钱的穷光蛋，还有可怜得只剩下钱的可怜虫。为什么呢？我们不需要讲多少的道理，只要举一点例子来比较一下就可以明辨是非了。

例子一： 有一个人，五十多岁，生意做得很成功，赚了不少钱，不说有几个亿，也有数千万吧，在当地也可以算是有钱人了。但因为要赚钱，应酬多，生活无节制，五十来岁就得了中风，生活几乎不能自理，坐上了轮椅。他的前妻是糟糠之妻，早被休掉了，他风光时重娶了公司里的一个美女财务，比他小20多岁，但美女只愿做花瓶，不肯操持家务，因此俩人生活中少不了吵吵闹闹。这个富人钱有的是，但手指缝攒得紧，不肯周济周围，又有点傲气，人际关系处得一塌糊涂。他生有一个儿子，因为孩子从小养尊处优，宠溺有加，更因他忙于赚钱、疏于管教，儿子迷上了网游，荒废了学业，最后只混了个职业中专学校，毕业后又不务正业，还染上了赌博、吸毒等恶习，只会烧钱，无能力承继家业。

例子二： 有一个人，因为做点小生意，钱赚得不算太多，年年有几十万的进账，因为平时注意开源节流，置办了一些家产，有固定的租金收入，存折上也存了数百万。妻子是教师，有固定收入。平时夫妻恩爱，俩人分工协作，相互体贴，且有共同的健身爱好，丈夫爱到健身房，妻子喜爱舞蹈，因此俩人身体都很健康。他们还有一个共同的爱好，就是都喜欢阅读，尽管看的书不是一类的，但经常互相交流读书心得，这也成为联结夫妻感情的一个纽带。因为妻子是老师，只要邻居家孩子有需要指导的，她总是乐意帮助，不收分文，因此人缘极好。他们生有一个儿子，因自幼受到母亲的特别教育，学习用功，考进全国名校，硕士毕业后选择自己创业，自办公司，虽还刚刚起步，但因为踩准了赛道，已经有了起色。

上述两个例子，如果仅从钱多钱少的标准来看，第一个应该是富豪，因为钱多出了十多倍。但如果用智慧财富观来衡量，笔者认为第二个才是真正的富豪。为什么呢？我们可以一条一条列出来，从下面八个方面，来看看到底谁才是真正的富豪：钱、婚姻感情、家庭、身体状况、人际关系、下一代教育、爱好、家庭发展前景。

如果我们按上述列出的一组系数指标来对照，第一个家庭除了钱多一项占优外，其余所有的指标都比不上第二个家庭，或者可以说都很糟，他的生活、他的家庭，根本谈不上幸福，看起来还真有一地鸡毛的感觉。而第二个家庭，虽然钱与第一个家庭相比，不在一个量级上，但有固定的收入，而且儿子又开始在创业，说不定就在第二代上，他们钱就可以超过第一个家庭了，而且就幸福感来说，更是把第一个家庭甩出几条街了。第二个家庭，不仅家中婚姻美满、家庭和睦，孩子培养得有出息，夫妻还有共同的爱好，身体都健康，人际关系也良好。就上述两家的智慧财富相比，不用说，肯定第二个家庭是妥妥的富豪之家了。

从上面两个例子的对比中，我们可以得到以下的启示：一、单纯地用金钱来衡量是否为富豪，是多么的狭隘和不合理，这将会耽误多少人、多少个家庭，让其走上一条个人发展、家庭发展的弯路，从而饱尝因为理念的过时陈腐而带来的不幸和沉痛教训。二、用智慧财富的理念来指导和规划个人发展和家庭发展是多么的有益而迫切。如果你要成为生活中真正的富豪，成为人生中真正的赢家，最好从现在从即刻开始，用智慧财富的理念来替代你原有的那套陈旧的财富理念，并将这一全新的理念贯穿到生活的整个过程中去。相信，这会给你带来一个全新的、意想不到的积极变化，你会时时刻刻地感受到那种创造财富的乐趣，你也会无时无刻不感受到财富给你带来的幸福感和成就感。

诚然，笔者是多么希望那些传统意义上的富豪们，也能够果断地、充满勇气地与传统的财富观进行最彻底的决裂，这或许是一个痛苦的过程，确实需要经受一定的阵痛与纠结，但面对全新的未来世界，面对我们所憧憬中的幸福生活，我们有必要走出这一步。走出了这一步，你的眼前又是一个新天地，你的前程又是一个新辉煌。当你真正用智慧财富的全新理念来装备自己的时候，你就懂得了什么叫舍得、什么叫扬弃、什么叫浴火重生、什么叫人生完美。你将会自觉地将你过剩的物质财富变成丰满均衡的智慧财富；你将会体会到以前从未体验到的内心愉悦；你将会享受到你以前从未品味到的幸福滋味；你将领略到以前从未抵达的人生境界。

其实，我们每一个人都可以成为真正的富豪，即使是现在穷得一文不值的穷光蛋，也还是有机会的。因为，从智慧财富的理念出发，每一个富豪都是独特的，相互间是无须攀比的。每一个人、每一个家庭的智慧财富体系（组方）都是独特的，都是从自身的条件、自身的价值定位和自身的目标追求来确定的，都打上了独特的、与众不同的自身烙印。但这没有什么可遗憾的，反而使整个社会在互不妒忌、竞相努力的氛围中，各施其长，各有所获，共同开创美好的前程。

相信，在我们的未来生活中，富豪不再是稀缺的少数，而是会成千上万地产生、发展。这些新型富豪都是社会的强健细胞，从而维系着社会从内而外愈来愈强健的机体；他们以各自独特的光芒照亮着自己的前程，也辉映着社会的文明与进步，推动着社会不断向更加美好的未来迈进。

亲爱的读者，你愿意成为这样的新型富豪吗？

让财富拥有慈悲高贵的气质

财富不是凡夫俗子，而是有价值有尊严的生命体，它必须是干净的、有光泽的、有荣誉感的。让财富拥有慈悲高贵的气质。

财富的干净，是晶莹剔透的干净，是一尘不染的干净，即使是一枚小小的硬币，也要有阳光一样干净的光泽。

凡是财富的创造和获得，不管是有形的物质财富，还是无形的精神财富，都必须是汗水、知识、技能和智慧的结晶，都必须经得起阳光的翻晒，都必须经得起良心的叩问。所有的财富都是经过千辛万苦后的获得，都是经过废寝忘食后的拥有，都是经过风霜雨雪后的生成。

我曾听到过这样一则故事：有一家人家，很穷。父亲临死时告诉儿子，屋前的荒地里埋有他积蓄下的一坛银元，但还没来得及告诉儿子银元埋在什么地方，父亲就断了气。儿子信以为真，一改过去的懒气，天天扛着锄头到那块荒地里挖找银元，但翻来覆去地挖了好多遍，地里草翻没了，地翻松了，还不见银元的踪影，儿子有点儿泄气。这时，有人给他建议：既然你没找到银元，何不下一点种子下去，让它们长一点庄稼出来呢？儿子听从了建议，就下种把地种上了。没想到的是，秋后竟获得了好收成。其实，这块荒地里哪有什么银元坛子？最后是劳动的汗水开掘了财富之源。这个故事告诉人们，只要踏踏实实地付出，就会有收获，而且这个收获来得干干净净，因为所有的收获都是自己的汗水凝结而成的。

但不是所有人的财富都来得光明正大，来得干干净净，都经得起道德的拷问和法律的鞭笞。我们经常在媒体上看到大贪们贪污的几千万或几个亿触目惊心的数字，但这些钱财从到他手里的那一刻起，已经被罪恶所绑架；我们也经常在媒体上看到偷税漏税之徒，实际上他们的行径与鼠类无异，他们把原本应该收入国库的财富贴上了个人的标签，占为私有；还有的财富是通过剽窃、抄袭等不择手段获得的，比如侵犯知识产权、发明专利、原创作品等等知识产权，财富的获得者扮演了极不光彩的角色；还有的人沽名钓誉，追名逐利，像苍蝇叮咬食物一样恶心难耐。这些不光彩的行径侮辱了财富的名誉，玷污了财富的清白，损害了财富应有的价值。

智慧财富并不仅仅满足于获得的干干净净，更重要的在于它的价值体现和价值利用。真正的智慧财富不是用来无端挥霍的，也不是用来随意糟蹋的，而应该是像"好钢用在刀刃上"一样，用在最适合价值体现的地方，让智慧财富拥有一种慈悲高贵的气质。

世界上最有名的诺贝尔奖就是诺贝尔先生以个人名义设立的世界级奖项。诺贝尔先生在生前，不仅从事研究发明，而且进行工业实践，兴办实业，在欧美等五大洲的20多个国家开设了约100家公司和工厂，

第一部分　理念篇——开启智慧财富新境界

积累了巨额财富。在即将辞世之际，诺贝尔先生立下了遗嘱："请将我的财产变作基金，每年用这个基金的利息作为奖金，奖励那些在前一年度为人类做出好的贡献的人。"正是因诺贝尔先生的伟大义举设立的诺贝尔奖项，褒奖了全世界在科学、医学、文学、经济学等领域做出巨大贡献的科学家、医学家、文学家、经济学家，从而推动了人类的文明进步和发展。

在我国，也有越来越多的财富拥有者越来越清醒地认识到生命的意义、财富的价值，他们以不同的方式和途径，让手中的财富为他人利用，为社会服务，为国家效力，使财富的价值得到了最充分的体现。

捐赠。捐赠正在成为社会的良风好习，参与捐赠的队伍中，不仅仅有那些千万富豪、亿万富豪，更有自身生活尚还拮据的平民百姓。在此书写作初稿期间，正值"新冠"疫情在中国及世界肆虐之时，数以亿万计的人们通过不同的方式为抗击疫情捐钱献物，有捐数亿的，也有捐数元的。数字不同，但价值一样，同样闪烁着人性的伟大光芒。还有数以千万计的医务工作者和志愿者，以奉献者的姿态奋战抗疫的第一线，他们的忘我付出也是一种智慧财富的慷慨赠予。

兴办公益事业。我看到过媒体报道的一个真实故事。有一个从大山里走出来的孩子，在外闯荡成功后回到大山，为家乡通上了电，通上了路，把所挣的钱用在家乡的事业上。从智慧财富的角度看，他的财富其实并没有减少，因为他的生命价值因此而得到了彰显，他的可贵品格得到了社会的褒奖。像这样的故事，可以成串成串地捡拾出来，数不胜数。我们欣喜地看到，为社会兴办公益事业，是众多的善人义士乐意而为之事。有的修路，有的造桥，有的盖楼办养老，有的置物助健身，甚至有的兴办博物馆，还有的办起了民间艺术团、义务送文化，还有的办起了家庭书屋、提供免费阅读，等等。他们让有限的财富投身于无限的为社会服务中去，使智慧财富在最大限度地利用中不断地保值增值。

你听说过一个叫樊建川的人吗？这个樊建川曾经是位政府官员，后来下海成了千万富豪，但他有自己的价值观和人生追求，在后来的岁月中，他倾其所有，花光了全部的积蓄，凭一己之力兴建了100多所博物馆，甚至他说，等他死后，把他的皮做成一张鼓，放在博物馆里。如果论钱财，这时他已一无所有，但如果以智慧财富论之，他绝对称得上是一位大富豪。

设立基金。越来越多的亿万富豪认识到，自己手中的财富仅仅是属于自己的临时性保管物，它最终或者最好的结局是回馈社会。财富本身拥有社会的属性，它应该为社会服务。因此，他们像诺贝尔先生、像比尔·盖茨先生一样，设立各种基金或信托，让自己的财富通过合法合规的途径，重新向社会最需要的用途转移。

传承。智慧财富的传承，最为普遍的是精神财富的传承。人类所以能从野蛮走向文明、从愚昧走向聪慧，就是在智慧财富一代接一代的传承中，使人类的智慧得到了保值和升值，得到了不断的累积和丰富。中华民族传统文化的博大精深就是最好的佐证。如果我们生活中的每一个人、每一个家庭、每一个企业都能很好地注重智慧财富的创造和累积，并很好地传承和发展，那么，涓涓细流终将会汇成大江大河，人类文明的未来就一定会更加灿烂辉煌。

第一部分　理念篇——开启智慧财富新境界

财富观正在发生着革命性变化

有钱人不等于就是富豪

在目前的现实社会中，所谓的富豪就是有钱人，现在所谓的富豪榜就是最有钱人榜。其实，从智慧财富的角度看，他们中的相当一部分根本算不得富豪，或许，当作为最有钱的人出现在富豪榜上的时候，他们中的有些人，灵魂因钱而肮脏，内心因钱而煎熬，家庭因钱而残缺。富豪榜像走马灯似的变换着面孔，就是最有说服力的证明。当年的富豪或许今天已经身无分文，晚景凄凉。

在富豪数百平方、数千平方的豪宅里，物质奢侈和精神贫穷的景观同时呈现，有动辄百万巨款的家什，但就是找不到一张洋溢着书韵墨香的书桌书柜；有琳琅满目的奇珍异宝，就是看不到一本正在打开的书籍。目睹这一景象，是让人感觉到富贵呢？还是穷酸呢？谁说得清楚吗？

在有些人的眼里，金钱是世界上最好的东西，但并不是所有人都这样认为。金钱并没有赢得所有人的尊重，金钱有时候也显得卑鄙，显得猥琐，声名狼藉。有一句坊间的粗话"谁稀罕你的臭钱"，大概表达的就是这个意思。

关于财富，社会上开始出现一些富有革命性的理念变化，"金钱就是一切"的倾向正在开始动摇。金钱不可能解决所有问题，金钱也不可能带来人们所需要的一切。这个社会，除了金钱之外还有那么多说不尽道不完、比金钱更美好的东西，比如，亲情、友情、爱情、诚信、善良、智慧、知识，等等。确实如此，世界上还有许多无法计量的比金钱更有价值的东西，值得我们去追求、去拥有、去分享。这些东西应该是财富中无可争议的一部分，占有不可摇撼的地位。

财富具有生命的气息。它沉默，并不等于无语；它单纯，并不等于无知；它温柔，并不等于无能。财富的品性像水一样，隐藏着无坚不摧的伟力，保持着丰满充盈的体态，具备着智慧理性的天赋。

或许，当下一些大红大紫的传统富豪，在将来的某一个时日，会体面或不体面地退出江湖，并成为一个个被历史忘却的背影。这并不是社会跟他们有什么过不去，等着看他们的好看，而是无形的规律总是左右着这一切悄无声息地发生。因为，一部分富豪在狂热地追求金钱的同时，丢失了其他比金钱更为重要的、更有价值的东西，或者说真正意义上的财富，比如诚信、比如亲情、比如友情。

新型富豪正开始逐渐成为社会的新宠，他们披上事业的荣光，登上时代的舞台，受到社会的褒奖。他们中有的是科学家、文学家、学问家，有的是道德标兵、做人典范。他们的手中虽没有数量可观的金钱，但他们拥有足以受到人们敬仰和尊重的精神文化财富；而且他们并不是独自占有着这些财富，而是以各种形式分享给他人，分享给社会，同时这些宝贵的智慧财富在分享中不仅没有减少，反而在不断地增加，而他们在不觉中也成了真正的富豪。

有形的标尺无法度量财富的价值

如果拿一张紫檀木太师椅与一张普通沙发相比较，哪一张更值钱呢？一般的答案当然是紫檀木太师椅值钱。但椅子是用来坐的，如果按照椅子的功能来衡量，也许坐沙发比坐紫檀木的太师椅要舒服得多。如果是为了摆设的豪华，紫檀木的太师椅可能更有派头一点。由此可见，在每个人眼里，或者在不同的场景下，其财富的价值也是不同的。无论是物质财富还是精神财富，真正的财富是不可能用有形的标尺来度量其价值的。

财富的价值也不是一成不变的，财富在每一个时段里、在每一个不同的地方都在表现着自己所不同的价值。财富在每一个人的眼里、心中的价值都是不同的，一幅价值连城的书画作品，在一个不识一字的人眼里或许跟一张白纸的价值不相上下。每个人都会把自己的拥有视作最珍贵的财富深藏不露，但在别人的眼里，这些所谓最珍贵的财富可能一文不值。因此，财富的价值无法用有形的标尺来度量。

钱多与钱少都不是坏事，最要紧的是对待钱的态度。在你的眼里，钱是什么，这很重要。它可能是一块充饥的面包，可能是一本求知的图书，可能是一个光彩的善举，可能是一笔必要的投资。钱的颜色就像水一样，是无色的，你把它放在哪里，它就呈现哪里的颜色，放错了地方可就坏事了。贫困的时候，头脑要清醒；富有的时候，头脑更要清醒。钱发挥作用的时候，才有价值；钱躺着的时候，就如同一张废纸。

对财富的探索需要增加一个维度

人们习惯于把随波逐流当作顺势而为，实际上，任何对未知的探索需要由勇气与胆识结伴同行。

对财富的探索，我们需要增加一个维度，需要从平面走向立体，需要从单色走向多彩，需要从保守走向开放。往前推两个世纪，人们可以驾一只小船，沿着宽阔的水面，一直往前行驶，运气好的话，说不定会发现新大陆；而现在，人类的足迹已经踩遍了全球的每一个角落，因此不能再指望有发现新大陆那样的好事了。如果你要探索财富，必须将思维的触角往立体的方位延伸，因为，在一个立体的生存空间里，还有很多未知的财富之源有待发现和开发。这是一个好主意，但这注定是一个很艰难的历程，并非仅凭勇气和力气所能达成的，它需要运用智慧的利器逢山开路、遇水搭桥。

应该说，世间一切有价值的东西都是人类的宝贵财富。阳光、空气是财富；地里长出来的东西是财富；人们创造出来的商品是财富，人的道德、修养也是财富。当我们用智慧财富的理念审视我们的周遭时，就有一种"满地黄金"的感觉，不可计数的财富之矿瞬间呈现在我们的面前。此刻，我们感觉是多么富有啊！诚然，这些财富还不都是你的财富，只有通过你的汗水、心血和智慧获得的财富，才是属于你的财富。也就是说，只要你愿意以自己的汗水、心血和智慧创造财富，你就可以每一天都拥抱财富，而你也可以成为真正的富豪。

生命的过程，即创造财富及其价值的过程

人活着的所谓意义，其实就是生命的过程，而生命的过程即创造财富及其价值的过程。如果一旦停止创造财富及其价值，生命便失去意义，不能创造财富及其价值的生命就会变成社会的累赘。如果从传统财富观的角度来看，一些丧失劳动力的人就是社会的累赘，但在智慧财富的理念中，每一个人从出生到死亡，都在创造着生命的价值，都在创造着智慧财富。即使是婴儿，也在用他（她）的可爱和欢笑，赢得家庭的欢乐和幸福感，对于这个家庭而言，婴儿的可爱和欢笑也是一种无形财富的创造。

把时间打发在对生命最有意义最有价值的事情上，即使玩，也要看到自己的生命有与众不同的光芒，也要看到自己的人生有与众不同的精彩。

第一部分　理念篇——开启智慧财富新境界

即使是一个生命垂危的老人，在生命的最后一刻，将子孙叫到床前，用最后的气力叮嘱子孙们。这最后的叮嘱就是创造财富的最后绝唱，是一笔弥足珍贵的精神财富。老人用他的阅历和人生经验，在为这个家庭创造着无形财富，并使这些无形财富能够得到传承。看看啊，一个即将离开人世的老人还在创造着财富，更何况是一个身强力壮的人呢？

人总是生活在希望中的。一个人不管身处何种境地，都不要放弃前行的信心，都不要心生躺平的念头。不管处于何种境地，总要对自己说，我还有希望，我还有前途。当你的精神得到提振的瞬间，你就进入了创造财富的状态，因为，提振的信心就是一笔难能可贵的精神财富。生命的每一天都有价值，就看我们想不想利用、想不想创造。

洛克菲勒指着自己的大脑说："即使把我的衣服脱光，再放到没有人烟的沙漠中，只要有一个商队经过，我又会成为百万富翁，因为我有——这个。"我想，洛克菲勒说的大脑，是指智慧和思想，在他的认知里，这是他的财富之源，也是财富之母。

欲望可以提供追梦的动力，但也可以让其失去理智

在财富之途上，欲望可以提供追梦的动力，但也可以让人失去应有的清醒和理智。从社会的某种角度观察，当一个人的财富观有悖于社会法理与道德的尺度时，他（她）所拥有的财富越多，对社会的罪过就越大、对他人的伤害就越大，而他自己并不知觉，或者即使心里也明白，但就是不思悔改。如果这样，悲剧的发生就是不可避免的了。我们观察到，信誉的丢失或品德的抹黑，就是对财富的诋毁与践踏。

财富有其完美的内在结构和逻辑体系，任何对财富的这种内在结构和逻辑体系的无知和蔑视，都有可能会在追逐和累积财富的过程中，莫

名其妙地被摔个大跟斗，或者被财富之神所唾弃，搭建的所谓财富大厦会轰然倒塌。财富的内在结构则是有形与无形互为支撑，精神与物质互为犄角。

对于财富，我们既要保持一种感恩，更要保持一种敬畏。如果说得通透一点就是，我们可以创造财富，或者说财富在我们手中，但财富的属性具有社会性。再多的财富在你手上，只是给你保管的机会。俗话说"生不带来，死不带去"，无论物质财富还是精神财富，都是后代的、都是社会的，除了你一日三餐享用的那一点点，除了你文化精神生活享用的那一点点，其余的财富其实都不属于你，最终都会以某一种方式回归社会。当一个人走的时候，一厘一毫也带不走的。但看历史上，多少人穷尽一生心血打造的宅府庄园，今天变成了人人都可以涉足而入的旅游景点。无论你手中拥有多少财富，都仍属于这个社会、这个世界。因此，欲望在规律和现实面前总是不堪一击。一个人对财富的认知就是一个人拥有财富多少的边际。清醒的理智可以帮助你善待财富。欲望可能是一个让人无法自拔、永远填不满的无底深渊。

只有那些熟谙了财富之道的财富创造者，才会在财富面前永远保持一种敬畏和感恩，永远保持一种清醒和自律，永远保持一种高尚和圣洁。不奢不骄不傲，让财富从智慧、汗水和心血中获取，又让财富光明正大地回溯于源头，让财富的价值在社会的演进和发展中迸发出光芒，激荡出动力。

关于财富的理念，正在发生着革命性的变化

相比于传统意义的财富，智慧财富有其自身的特点。传统意义上的财富，即物质财富，是有形的财富，它会因为不断被消耗而减少。而智慧财富既是有形的，也是无形的。作为无形财富的那部分，从某种意义

第一部分　理念篇——开启智慧财富新境界

上说，它不会因为利用而耗损或减少，而恰恰相反，它会愈用愈多；而且，即使有形财富被付出或者消耗，也会以另一方面的无形财富而同步增加，或者更多一点。在智慧财富的体系里，财富会在一个微生态（比如个人、家庭）里闭环转移。对于这种有趣的现象，我会在后面的章节进行多侧面的详细阐述。

从我们观察到的现实中可以发现，财富的理念正从传统的桎梏中挣脱出来，开始与时代日新月异的进程结伴同行。即使在最微观的日常生活中，人们已经开始对财富的面目进行再认识，对财富的价值进行再评估。最先达成共识的一点，可能就是金钱和健康哪个更重要？人们已经不假思索地选择健康比金钱更重要。再比如，家庭和事业哪个更重要？人们不再苟同于事业比家庭更重要，而是在两难选择中不断地掂其轻重，择优兼顾。再比如，个人的兴趣爱好与从事的职业发生鱼和熊掌不可兼得的冲突时，人们不再一味地让兴趣爱好屈从于谋生的职业，而是有了宁愿失去一份职业也要拥抱兴趣爱好的决断。在家庭中，为了把下一代培养出来，一些父母宁愿辞去工作，放弃生意，少赚钱，甘当全职爸爸或全职妈妈。在这种抉择中，全新的财富观开始发挥出引领性的作用。

在宏观的层面上，财富观的革命性变化更为明显。比如，经济的发展从追求量的高速增长转变为以质的提升为主的高质量发展，如"绿水青山就是金山银山"的理念等等，在这里就不一一列举了。

开启智慧财富新境界

智慧财富的内涵和特征

当我们开始研究智慧财富的时候,有一个绕不过去的问题挡在了我们的面前:智慧财富是什么?它与传统的财富观有什么不同?这是我们必须要回答的问题。

在现代汉语中,财富的定义为:具有价值的东西。按照这个定义,它的外延应包括物质财富和精神财富。笔者认为这个定义具有科学性,它以简洁的语言揭示了财富的本质特性。但在现实社会中,财富的这一本质特性未能得到本该得到的尊重,也没有得到完整的呈现;财富有时显得很无辜,被习惯性地与金钱画等号,只沦落为金钱的奴隶。财富有时被莫名地"瘦身",把物质财富视为财富的全部。

国外有一本很有名的杂志《财富》,它从1955年起对世界500强企业进行的排名,至今仍具有权威性。但这一本以研究财富为使命的《财富》杂志,并没有涵盖财富内涵的完整性。《财富》杂志自诞生以来,仅关注于物质财富,仅关注于那些具有足够规模的企业,并未将精神财富纳入其关注和研究的范围。当然,没有必要对一份杂志如此地求全责备。但因为《财富》杂志的权威性和公众度,在客观上对财富的价值观起到了一种误导的作用,使人们将追求财富的目光自然而然地聚焦到物质财富的创造和拥有上,而忽略了精神财富的丰富和创造。这里,我们无意把责任推卸给一份颇有建树的杂志,但至少可以说明一个问题:关

第一部分　理念篇——开启智慧财富新境界

于财富，我们的传媒还只是停留于物质财富的层面。

实际上，不仅仅是举例所及的《财富》杂志，笔者观察到，频频亮相的各种财富论坛，其主题无不是围绕着钱、围绕着金融，比如理财、比如炒股、比如炒房、比如投资之类，而非完整意义上的财富。财富在这里，其本质属性一而再、再而三地被忽略，被打折，被贬值。书店里，几乎所有关于财富的书籍无一不是讲钱、讲物质的。而在社会上，财富更是被抹黑得面目全非。在一切向钱看的世俗眼光里，财富只等同于钱，金钱是万能的，没有金钱是万万不能的。金钱像无孔不入的魔鬼，已经妖魔化了，本来很高尚很圣洁的许多领域，几乎找不到一块还未被金钱熏黑的净土。

俗话说：是金子总会发光的，财富也与金子有着同样的特质。财富的本质虽被如此地扭曲贬值，但它从来不会被扼杀。它的光芒依旧在那里，它的价值依旧在那里，它不动声色，以其冷艳、圣洁和高贵的容颜，在沧桑岁月里气沉丹田，宠辱不惊，冷观尘世风云，淡看利禄功名，静待拨云见日的一天。这一天应该尽早地到来！这不是为财富正名，而是为人类自己开拓新的财富之途，达成人类幸福与自由的目标。

本书所阐述的智慧财富，并非故作深刻，并非故弄玄虚，并非自作多情，而是以客观的态度，还财富以本来的面目，为财富的本质复位。笔者以为，倡导智慧财富观，首先要从对财富有失公允或者叫有失偏颇的态度中走出来，还财富一个本来的名分、本来的面目，让财富不再仅仅呈现为物质的一面，更呈现出精神的一面。也就是像《现代汉语词典》中所表述的那样："财富，即具有价值的东西"，它包括物质财富和精神财富。让财富的本质属性，为社会所熟知所接受。让财富的本质成为一面镜子，在我们对待财富的每时每刻，都保持一个清醒的认知，或者持有一份完整的范本，而不至于再次误入歧途，或者走进狭窄的小胡同，越走越没有出路。

正因为财富是一切有价值的东西，包括了物质财富和精神财富，那么，财富就应该是一个整体、一个体系。为了防止它的再一次走散和被分割、被解体，我们应该给财富一个适应时代与未来趋势的全新名称，正因为我们在对待财富问题上要有一个智慧的态度，我们就顺势推舟地给财富赋以新的名称——智慧财富。

本书所阐述的智慧财富观，可以理解为三层含义：一是智慧财富的理念，二是智慧财富的体系（或者称为智慧财富的组合），三是智慧财富的创造。

智慧财富观相较于传统的财富观，有其自身的智慧特征，请允许笔者在这里作一个粗线条的描述，起到一个抛砖引玉的作用。

一、智慧财富最本质特性就是财富的智慧性。在处理好物质财富和精神财富的关系中，使智慧起到决定性的引领作用，使财富的两兄弟各施其才、各呈所能，相互整合、互补合作，为人类文明的目标指向尽情地释放其最大的价值和能量，充分地发挥其促进和推动作用。

二、智慧财富体系（组合）的多样性。智慧财富不是一个一成不变的无机体，而是一个有着新陈代谢和吐故纳新体征的生命体，它的变量每时每刻都在进行着，而其两者的组合比例以及其内部的构成比例，也是每时每刻地在变动着的。这种构成比例变动的唯一目的，是为了智慧财富本身的机体更加健康更加强大，更好地为社会服务，更好地为人类的文明进步服务。但在全球、国家、企业、家庭和个人的各个层面，智慧财富的体系或者组合各有千秋，精彩纷呈。

三、智慧财富增长的无限性。正因为智慧财富是一个科学的体系，它的智慧构成决定了它增长的无限性，或者叫无限可能性。物质财富能更好地为精神财富的保值升值提供保障服务，精神财富又反过来为物质财富的增长推波助澜。两者协调配合，相得益彰，互为促进，开拓了财富增长的无限可能性。

四、智慧财富拥有的持久性。正因为智慧财富是一个生命有机体，它不会即时产生、即时消失，智慧给了它保鲜的功能。因此，不管经历多少斗转星移，我们依旧可以在历史的纵线上，随时可以看到它辉煌的身影，依旧可以在不同的时代里分享它不朽的价值。

智慧财富与马斯洛的需求层次理论

大家一定熟知马斯洛的需求层次理论，这个理论把人类的需求分成生理需求、安全需求、社交需求、尊重需求和自我实现需求五个层次，依次由较低层次到较高层次。

按照马斯洛的需求层次理论，第一个层次是生理上的需求。这是人类维持自身生存的最基本要求，包括饥、渴、衣、住、性等方面的要求。如果这些需要得不到满足，人类的生存就成了问题。从这个意义上说，生理需要是推动人们行动的最强大动力。马斯洛认为，只有这些最基本的需要得到满足以维持生存所必需后，其他的需要才能成为新的激励因素，而到了此时，那些已相对满足的需要也就不再成为激励因素了。

第二个层次是安全上的需求。这是人类要求保障自身安全、摆脱事业和丧失财产威胁、避免职业病的侵袭、接触严酷的监督等方面的需要。马斯洛认为，整个有机体是一个追求安全的机制，人的感受器官、效应器官、智能和其他能量主要是寻求安全的工具，甚至可以把科学和人生观都看成是满足安全需要的一部分。当然，当这种需要一旦相对满足后，也就不再成为激励因素了。

第三个层次是社交上的需求。这一层次的需求包括两个方面的内容：一是友爱的需求，即人人都需要伙伴之间、同事之间的关系融洽或保持友谊和忠诚；人人都希望得到爱情，希望爱别人，也渴望接受别人的爱。

二是归属的需求，即人都有一种归属于一个群体的情感愿望，希望成为群体中的一员，并相互关心和照顾。感情上的需求比生理上的需求来得细致，它和一个人的生理特性、经历、教育、宗教信仰都有关系。

第四个层次是尊重的需求。人人都希望自己有稳定的社会地位，要求个人的能力和成就得到社会的承认。尊重的需求又可分为内部尊重和外部尊重的需求。内部尊重是指一个人希望在各种不同情境中有实力、能胜任、充满信心、能独立自主。总之，内部尊重就是人的自尊。外部尊重是指一个人希望有地位、有威信，受到别人的尊重、信赖和高度评价。马斯洛认为，尊重需求得到满足，能使人对自己充满信心，对社会满腔热情，体验到自己活着的用处和价值。

第五个层次是自我实现的需求。这是最高层次的需求，它是指实现个人理想、抱负，发挥个人的能力到最大程度，完成与自己的能力相称的一切事情的需要。也就是说，人必须干称职的工作，这样才会使他感到最大的快乐。马斯洛提出，为满足自我实现需要所采取的途径是因人而异的。自我实现是人在努力实现自己的潜力，使自己越来越成为自己所期望的人物。

马斯洛的需求层次理论中的五大需求，实际上就是人生价值和生命追求，其实现是人的幸福体验的满足。而但凡所有需求的满足，都要有财富的支撑。这五大需求，如果按照传统财富观的财富范畴，是无法得到满足的，因为，除了第一项的生理需求，即基础生活需求，可以用物质财富来满足外，其余的四项需求，仅靠物质财富是根本无法满足的。因此，唯有树立起智慧财富的理念，用智慧财富来提供保障，才能满足人类的五大需求，这也进一步佐证了智慧财富观的科学性和现实的重要性。

这里，我们对马斯洛的需求层次理论的引用，并不是牵强附会，智慧财富本来的使命，就是为了满足人类的生活需求，为人类的幸福提供切实的保障，并以此来体现智慧财富的价值。

第一部分　理念篇——开启智慧财富新境界

实际上，人类需求的五个层面，表达为五个由低及高的不同层次，马斯洛认为，只有实现了较低层次的需求后，才有可能产生新的动力，再去实现更高层次的需求。笔者认为，这可能仅指一般而言。而在现实中，人的需求并不都是呈现由低及高的逐步递升过程，而是多方面的需求同步渴望和同步追求的。比如，一个人在吃不饱穿不暖的时候，同时也需要安全，需要亲情友情，需要得到社会的尊重，需要有个人的兴趣爱好，需要发挥自己的能力和专长，实现自己的梦想。我们可以举一个最简单的例子：一个从农村里走出来的孩子，身无分文，来到大城市，他需要吃的、穿的、住的，但这些问题的解决，首先是要找到一份工作，要有自己的归属，而且在找工作的过程中，尽可能地选择自己喜欢的、擅长的工作。这样，既可以解决了生计，也满足了自己的兴趣爱好；既可以得到成长，又实现了自己的梦想。如果等到解决了温饱才来谈尊重或者梦想，那这个温饱谁来先给你解决呢？因此，我们不是等吃饱了才可以来谈尊重，谈梦想，谈人生价值。对于一个觉醒的生命来说，不管你身处哪一个层次，必须是现在就开始规划自己的人生，规划自己的智慧财富，并立即行动。只有这样，才有可能实现对物质的追求与精神向往的同步实现，甚至精神向往超前于温饱得到优先解决。这五个需求层次不是按部就班地呈线性向上，而有可能是不同步的，有可能是同步的，还有可能是顺序倒过来的，完全是因人而异的。比如，一个人对某一个艺术领域表现出特别的兴趣爱好，穷尽一生为之钻研，最终达到了无人能够企及的艺术高度，实现了自我理想，但此时他仍可能生活在温饱线上，过着节衣缩食的拮据生活。因此，马斯洛的五个需求层次理论仅是指一般而言，但我们每个人都是独特的个体，在需求上也有与众不同的个人设计和追求。

但有一个重要的事实是，不管是同步的还是不同步的，是线性的还是并行的，五大需求的实现都必须要有智慧财富观的介入。如果我们能比较自觉地用智慧财富的理念来指导我们的生活,并及时制定个人或家庭的智慧财富体系(组合),我们就可以尽早地进入智慧财富的创造,尽早地实现这五大需求。财富的累积不是一朝一夕的事情,而是一辈子的事情,但必须从今天开始,如果你还有犹豫的话,请复诵《明日歌》,也正如小品中所说"眼睛一睁一闭,一辈了就没了"。光阴如箭,日月如梭,谁能耽搁得起呢?

笔者之所以要在这里引用马斯洛的人类需求层次理论,因为这是为绝大多数人所接受的理论,它比较地契合人生的价值和生命的意义。我想,如果你能够对马斯洛的五大层次需求都达成圆满实现,那么,到了那一天,你也一定同时成了一个真正的富豪。

智慧财富是一个均衡丰富的体系

当我们对智慧财富有了充分的认知后,我们需要对传统的财富体系进行脱胎换骨的重塑和再造。均衡丰富的智慧财富体系到隆重登场、扮演主角的时候了。

在宏观的社会层面上,财富体系呈现着不同的组合结构,物质财富与精神财富在同等重要的位置,必须用价值观引领。一切向钱看的社会趋向并不是一条通向人类文明未来的康庄大道。在家庭的层面,智慧财富在不同的家庭呈现着不同的脸面,即使在同一个家庭的不同时期,财富体系也在动态地发生着变化。在个人层面,智慧财富更是一个人的人生价值和意义根本性的衡量尺度,呈现着独一无二的面貌。

智慧财富体系是一个有血有肉的生命体,就像人体的五脏六腑一样,具有新陈代谢、吐故纳新的功能。财富体系的每一个指标(象数)就是一个脏器,都有各自的功能和作用,缺一不可,由此组成了智慧财富的生命过程。这个过程也有新陈代谢,也有生老病死。它们之间是相互

第一部分　理念篇——开启智慧财富新境界

作用、相互影响着的，有正面的影响，也有负面的影响。如果一个脏器出了问题，整个体系就会出现问题。因此，我们要使智慧财富体系根据我们的意愿不断地保值增值，就要随时对智慧财富体系的运行情况进行不断的审视和自省，以便及时加以修正问题和完善不足。

智慧财富体系犹如一个食物拼盘。因为每个人的营养需求不同、饮食爱好不同、饮食习惯不同、食量不同，因此，每个人开出来的财富清单也是不同的。我们完全没有理由要求每个人的财富体系都有同样的要素，正如每个人的幸福感是不同的，对待财富的态度是不同的。诚然，智慧财富体系可分为不同的类别，有倾向于物质财富的比重大一些的，有喜欢精神文化层面的财富占比多一些的，因为，有人喜欢物质享受，有人则更喜欢精神享受。

具体到某一个人，其智慧财富的成员会竞相争宠，以赢得你的关注和投入。金钱会告诉你它的重要性，亲情会告诉你它的重要性……但往往鱼和熊掌不可兼得。我们需要做出不断的调整和不断的平衡。去抓紧出去赚钱呢？还是待在家里照顾年迈的老人？是把追求事业上的发展或职业上的进步放在第一位呢？还是把培养教育好下一代放在首位呢？这样的矛盾可能每个人、每个家庭都会碰到，而我们不一定每个问题都能够都处理得十分完美。有时，我们可能每天都处在这种两难抉择的纠结中，总觉得无论怎么选都总有亏欠或者为难。这就是在考验你的智慧选择。任何事情总有轻重缓急，我们只有做最好的选择，但没有十全十美的选择。

在智慧财富体系里，财富不再仅仅是金钱，而是人类生活所需的所有有价值的东西。在全新的财富体系里，无形财富将变得更为重要，这些若隐若现的财富有着更为重要的价值。可以这么说，在过往的年代里，靠掠夺的手段占有财富相对容易得手，而在智慧经济的时代，仍然靠传统的掠夺手段去占有财富，已经行不通了。因此，在未来的时代，靠枪炮获得财富，已经越来越不可能，靠战争已经不能使财富屈服、改姓易主，因为作为智慧财富重要组成的精神财富，并不会屈服于枪炮，那些无形的财富更不会因为抢劫而易主。智慧财富将拥有最文明的身份，它向创造者伸开双臂，它向合作者敞开大门，财富的流向有了健康而光明的前景。

智慧财富与传统财富观最迥异的理念

　　智慧财富与过往财富观最迥异的核心理念就是：财富创造的过程即享受的过程。创造与享受是可以同步进行同步实现的。比如画家画一幅画，既是一个创造财富的过程，同时也是一个享受愉悦的过程。因为喜欢，让劳动和创造成为一种快乐，成为一种享受。

　　钱是"玩"出来的。对一件事情痴迷的状态，就是玩的极致意味。要让钱追你，就要求格局大，不是为钱而去追钱。有一些杰出的艺术家，他们追求艺术，从来没有把这个当作赚钱的手段，而只是在骨子里对艺术的热爱，愿意为艺术情定终身，却在无意中成为身价亿万的富豪。一些真正成功的企业家多有这样的表示："我是为用户服务的、为社会服务的，赚钱是顺带着的。"

　　所谓智慧财富，从另一个角度看，就是智慧在财富和财富创造的过程中起主导和决定性作用。比如，你从事一项工作，薪酬很优厚但可能对你的健康有影响；比如，如果你得到这一笔钱，可能会失去一个朋友；再比如，你得到一个进修深造的机会，但必须以失去一份有高薪的工作为代价，等等。在这时，智慧财富就表现为一种智慧的抉择。

　　当智慧的财富观确立以后，我们的社会将会出现无数个令人鼓舞的景观，那些拥有亿万金钱的富豪们会慷慨地捐赠，甚至是分文不留地裸捐，叫人看也看不懂；越来越多的人会加入到志愿者或义工的行列中，他们不计任何报酬却用心地为他人、为社会工作；越来越多的人开始返璞归真，津津乐道安于粗茶淡饭的生活。在这样的生活状态中，他们开始品尝到生活实实在在的滋味和原汁原味的幸福。越来越多的人开始追求精神文化生活的丰富和心理上的健康快乐。

与物质财富创造的先苦后甜不同，创造着并快乐着，这是智慧财富创造的独有体验。

构筑好智慧财富的未来宏图是毕生要做的功课

构筑好智慧财富的未来宏图，不仅是每个人人生起步时要做的功课，而且是毕生要做的功课，以便使我们清晰地知道自己这一辈子究竟想要拥有什么并如何去实现，这样可以使我们少走弯路。

在全新的智慧财富体系里，每个人都需要重新思考、重新设计、重新定位：我如何在这个全新的财富体系里，担当起创造财富的角色，而不是仅仅混口饭吃；每个人都会得到一个全新的动力：我可以为自己、也为家庭和社会创造财富，使自己的人生变得富有。

生活着的每个人都应该以与时俱进的姿态，拥有一个全新的财富观，都应该知道智慧财富所拥有的疆域和价值所在。只有如此，我们才能从容地、理性地创造财富，才不至于瞎折腾，才不至于做无用功，才不至于浪费光阴、虚度年华，我们的人生才变得充盈和丰满，才变得富有和精彩。

构筑个人或家庭智慧财富的未来图景，也不是一蹴而就的事情，在人生或家庭的每一个阶段上，都要对自己的财富目标进行不断地规划，都要对自己期望实现的财富目标付诸行动。否则，再好的图景，只能是镜中花、水底月。

如果要创造财富，人们必须走出家门，在社会上谋得一份工作，这种模式或许是自社会有分工以来最为通用的模式，但在智慧财富创造体系里，这一切正在悄悄地发生变化。一些职业精英们，不再在公司或机构里上班，他们回到家中，喝着饮料，听着音乐，斜躺在沙发上，开始所谓的"上班工作"。他们完全可以在家中搞定所有工作上的事情，还可以顺便照看幼小的孩子，因为互联网给予了他们决定性的帮助。智慧创富不再是单一的劳力付出或者时间付出，由于智慧的加持、人工智能的助力，创富方式和渠道格外地丰富多彩，每个人都有权利、有机会找到适自己的创富秘诀，开掘属于自己的财富之矿。

在创富行动中，人们开始感觉到劳力的不值钱，甚至开始感觉到知识在贬值，唯有智慧在升值。因为，人们可以不再依靠劳力完成工作，开始不再依靠记忆去获得知识，知识随时可以从电脑里调取、从网络上搜索。无所不能的 AI 技术和智能机器人可以轻松地帮助我们完成原来需要大量劳动才能完成的工作。而智慧只能在头脑里生成，它没有其他存储的地方。诚然，原创性的艺术创作、发明创造，必须依靠人类的智慧投入。

在智慧财富形成共识的社会中，企业家、艺术家、工程师、农民以及所有不同身份的人，都在以不同的方式创造着智慧财富，他们相互尊重、相互认同，并以自己创造的智慧财富造福自己，造福他人，也造福社会，既实现了自己成为富豪的人生理想，也以自己的心血、汗水和智慧的结晶为社会作出了贡献。

亲爱的读者朋友们，当您读到这里的时候，我相信您已经粗略地知道了什么是财富、什么是智慧财富、什么是你自己想要的智慧财富。或许随着阅读的进展，在你的心中已经开始为自己勾画一幅属于自己理想中的智慧财富蓝图，并已经跃跃欲试地开始自己的创富行动。在此，笔者要为您的梦想和行动送上最衷心的祝福！而且我相信，在不久的将来，您将会以自己的智慧努力遂您所愿，成为一位真正的富豪，分享用智慧财富创造所赢得的成功喜悦和幸福人生。

第二部分　财富篇

价值无限的智慧组合

　　智慧财富是鲜活的、多彩的、均衡丰盈的，它是一个有机的生命体，是由每一个人、或每个家庭、或每家企业量身定制的，因而是独一无二的，体现了各自不同的梦想追求。

　　智慧财富的组合不是一成不变的，而是随着创富者的成长日臻完善，最终达成所希望的模样。

　　当你梦想成真，真正成为新型富豪的那一刻，你一定会为自己的所有付出和赢取的成功，感动得热泪盈眶。你会大声地对自己说：此生值了！

　　或许，这就是生命的意义。

第二部分　财富篇——价值无限的智慧组合

个人智慧财富组方

人活着的意义在于创造价值，而价值体现于智慧财富。

健康——人生第一财富

健康是人生第一财富，这不仅仅是笔者的观点，它已经被无数残酷的现实所证实，也被无数明智的人士所认同，并逐渐成为一个社会性共识。因此，在个人智慧财富体系中，健康不是一项可有可无的财富，而是所有层次的智慧财富体系的标配，或者叫必配。生命是财富之本，那么健康本身不仅是一种财富，而且只有健康，才有创造和获取财富的动力、能力和机会。

在这个高速运转的时代，人们追求着各式各样的梦想与成功，却往往忽视了最为根本的财富——健康。有人说，健康是一串零前面的那个"1"，如果没有了"1"，再多的"0"也毫无意义。所谓"有权有钱有成功，没有健康一场空"，这句话简单而深刻，它提醒我们无论追逐何种成功与富足，都不应以牺牲健康为代价。

有一位身价数十亿的富豪，不幸得了绝症，躺在病床上的他，非常地感慨：钱再多又有什么用呢？在生命的最后时刻，他说如果可能，他愿意用全部的财产换回他的健康。但是就算有再多的钱，也绝不可能换回他的健康了。现实就是如此的残酷。

有一位事业有成的民营企业家，因为拼命三郎一般地拼事业，企业是做大了，而且上市了，但身体累垮了，有一次因突发心脏病送医院抢救。幸运的是，因为抢救及时，他从死神手中被救了回来。这位企业家从这次突发的危机中意识到了健康的重要性，并开始积极调整自己的生活方式。这个企业家的故事并非个例，它反映了一个普遍的社会现象：许多人在年轻时拿健康换财富，直到在疾病上身后才开始觉醒，追悔莫及。

是的，不少年轻人都持有这样的观点：现在用健康换金钱，老了用金钱换健康。笔者以为这是一种愚蠢的人生策略，隐藏着巨大的生存风险。因为，在你用健康换金钱的时候，金钱可能还没有换到，而健康却失去了。即使你用健康换到了金钱，但当你老了的时候，金钱却不可能保证换回你的健康。身体的健康，只有靠自己养成良好的生活方式，注意营养和休息，保持乐观的心态，日复一日养生、保健，不可能全部托付给金钱。

我这里所说的作为第一财富的健康，是身心健康，不仅仅是体魄的强健，而且包括了心理的健康。

据相关资料显示，由于生活、学习、工作、人际、经济状况的多重压力叠加，我国患有失眠、焦虑、抑郁的人数高达近亿人，并且这个数字还有不断上升的趋势。这类人群中有的人属于亚健康状态，他们认为并不严重，但实际上生活的质量受到了很大的影响，心理的折磨和煎熬常常为旁人所不知。因此，心理健康是整体健康中一个很重要的指标，千万不能忽视。千万不能认为，只要不是器质性病变就没事，一些心理上的病不能算病，无需治疗。实际上，心理疾病也是病，同样需要重视和治疗。

一个人健康与否，也不仅是一个人的事，也是整个家庭的事。一人生病，全家犯难。因此健康不仅是个体的财富，更是家庭兴旺和社会繁荣发展的基石。因此，作为个人，重视和投资健康，不仅能改善个人的生活质量，还能为家庭和社会带来长远的安宁和活力。

我们该如何看待健康与财富的关系呢？显然，健康本身就是一种财富，它的价值无法用金钱衡量。一个人如果拥有了健康，就拥有了实现梦想、享受生活的资本。相反，即使财富如山，若没有健康的支撑，也无法长久地拥有并享受这份财富。

在追求物质财富的同时，我们应当给予健康同等的重视。这意味着我们需要平衡工作和生活，注重休息与运动，保持良好的饮食习惯，定期进行健康检查，以及在工作和生活中寻找乐趣，保持心理的健康。只有当我们拥有健康的身体和平和的心态时，我们才算真正富有。

让我们记住，健康是第一财富，它是所有其他财富的前提和基础。没有了健康，那些曾被苦苦追求的地位、权力、荣誉和金钱都会随风而逝。珍爱健康，让它成为我们人生最可靠的本钱，我们才能在它的庇护下，持久地追求更高层次的生活品质和精神境界。

在我们的人生价值排序中，健康应当位列第一。它是生活的馈赠，是智慧的结晶，是幸福的源泉。无论何时何地，都不可忽略健康对个人、对家庭、对社会、对国家乃至对全人类的重要性。让我们行动起来，从今天开始，从自己做起，共同守护这份无价的第一财富。

令人欣慰的是，在"健康是第一财富"的共识下，越来越多的人加入到全民健身运动中来，跑步、打拳、做操、跳舞、唱歌……人们根据各自的实际情况和条件可能，利用点滴的时间，开展各项有益的健身养生活动，健康中国正在形成一种社会的共识和行动。

就像那句古老的箴言所揭示的："全身而退，胜于赢得世界。"在生命的长河中，健康的步伐稳健，才能让我们走得更远、看得更多、享受得更深。我们的生命之舟，唯有在健康的风帆下，才能驶向那无限广阔的美好未来。

时间——比金子还宝贵

在笔者看来，在个人的智慧财富体系中，时间是与健康同等重要的财富。如果说，健康是智慧财富之本之源，那么时间便是智慧财富之本的潜在能量。时间的潜在能量通过释放和利用，转变为智慧财富的精彩呈现。例如，你利用一个小时的时间读书，一个小时被消耗了，但你通过读书增长了知识，获得了一定量的知识财富。又例如，你用一个小时对朋友进行拜访，一个小时被消耗了，但通过访问，你增进了对朋友的了解、增进了相互间的情谊，你获得了一定量的情感财富。诸如此类的例子，随处可见。

通过上述举例，我们可以得出以下结论：时间作为财富的一部分，必须通过利用和消耗才能转化为智慧财富的其他呈现，而且，这种利用要建立在对时间的敏感和利用的科学性上。因为时间财富是智慧财富中最独特的一种财富，它只有通过有效的利用才会产生价值，才会转化为其他财富。时间对于一个人而言，总量是很有限的。在同样的一个单位时间内，如果你发挥的效率超过了别人，就等于拉长了时间的长度。如果你对时间的利用计较到分秒，这就等于增厚了时间的质感。因为时间的利用价值提升，也相应地提升了转化为其他财富的价值。

时间财富还有一个独特的个性，就是不可逆转性。不管你对待时间是什么态度，关心它或者不关心它，时间都会按照自身的节律运动，"嘀嗒嘀嗒"，它的脚步永远那么均匀，不管发生了什么事情，都不会乱了方寸。因此，在同样的一个时间段，有些人做了很多事，如果以财富论，就积累了许多财富；而有些人一事无成，依旧两手空空。这是一件很残忍又很公平的事情。你抱怨也好，赞美也好，时间就是这个态度，它不会惯着你，你想怎么样，或者就想这么样，都是不可能的。时间可

第二部分　财富篇——价值无限的智慧组合

不管你爱它或不爱它、用它或不用它，总是不紧不慢地迎你而来、离你而去，分分秒秒也留不住。

生活中，人们对待时间的态度千差万别。有的人对时间很敏感，有的人对时间很麻木；有的人老是抱怨时间过得太快，有的人老是抱怨时间过得太慢；有的人感觉时间老是不够用，有的人老是感觉时间太多太无聊。对时间的态度决定了对时间的珍惜与否，决定了对时间的利用与否。只有珍惜和充分利用了时间，做你认为有价值的事情，创造属于你的智慧财富，才能在总量上增加你的财富。如果时间白白地消耗掉了，却压根儿不想做什么事情，或者什么事也没做成，那么你的财富就不是在增加，而是在一点一点地减少，这是一件令人心痛的事。因为时间宝贵，只有在失去它，甚至彻底失去它的时候，你才会感到一种痛心疾首的后悔，你才会感到一种手中空空无物的失落。那些奄奄一息的人无一不是如此的感觉。有一句话说得好：如果不能增加生命的长度，可以增加生命的宽度、生命的厚度、生命的高度。所有这些完全取决于你对待时间的态度。

既然我们把时间列为个人智慧财富的重要组成部分，那必须像珍爱其他财富一样珍爱时间。时间财富的价值不是体现在珍藏，而是体现在利用。让一分一秒的时间财富充分地得到利用，最大限度地转化为智慧财富。笔者记得自己在撰写第一本专著《智慧经济》时，保持每天下午定时利用两至三个小时写作，坚持了一百多天，完成了十几万字的初稿，很有成就感，感觉到时间是如此地美好，与我结为心心相印的朋友，为我服务。每一天写完后，我的内心总被一种愉悦的温煦所包裹，这是一种幸福的人生体验，也在为我的智慧财富加分增量。

一个人的一生中，年少时总觉得时间无限多，多到可以随意地挥霍；而人到中年，又总觉得时间老是不够用，连喘一喘气、歇一歇的功夫都没有；等步入老年，常常感觉余日无多，无可奈何。时间财富啊，是叫我爱你呢？还是恨你呢？

其实，无论爱还是恨，都是不能解决问题的，最理性的态度和行动是——首先，要树立起一个既珍惜又豁达的时间观，让时间作为生命的载体为我所用，但不是为我所肆意挥霍和随意浪费，应让时间的效能发挥到极致；其次，需要知道什么是自己最希望得到、最希望拥有的，让时间与之无缝地对接，并为实现这个目标和理想争分夺秒地行动；再次，所有决定的事即刻开始行动，决不拖延和犹豫；另外，还要即时并经常地检讨时间利用的状况，看看有没有悄悄溜走的时间，有没有还可利用的时间碎屑；再看看时间的效率如何，比过去是提高了还是降低了？还要看看时间是不是用到了刀刃上，还有没有比目前所做的更重要、更紧迫的事情呢？

如果你现在还不是一个富豪，或者还是一个穷光蛋，处在人生的低谷，这并不可怕。只要拥有了时间财富，你就有咸鱼翻身的资本和机会，你就有了东山再起的可能。如果你已经是一个富豪，那么要提醒你，在所有的财富中，时间是最稀缺的、只减不增的财富，千万要珍惜着用，算计着用。别以为自己已经是富豪了，就可以随意地挥霍时间，不行的！你与那些目前算不上富豪的人，在时间的拥有上是一样的，你没有任何的特权，或者稍微多一分一秒的机会。世界上所有称得上富豪的人，科学家、文学家、工程师、医学家、企业家……都是利用时间财富的大师。在他们那里，有限的时间魔盒里会变幻出无限的智慧财富来，或者是一般人的上百倍，或者是上千倍，甚至是上万倍！这是一个激动人心的奇迹创造。我们不需要一一列举出他们的名字，他们已经以他们的智慧为人类的文明创造了无以计数的智慧财富，并激励着无数人继承他们的衣钵和精神，在属于自己的光阴里分秒必争地奋斗创造。

第二部分　财富篇——价值无限的智慧组合

信用——立身之本

在智慧财富体系中，信用占有极为重要的位置。在人类社会中的每个层次，大到国家，小到家庭或个人，信用是赖以立足的本钱，或者叫作抵押物。信用是什么？信用是能够履行诺言而取得的信任，信用是长时间积累的诚信度。我记得在我的人生中，接受最早的信用教育是来自小学语文中的那篇《狼来了》的课文。那个说谎的孩子一开始喊"狼来了"，大家都信以为真，但狼并没有来。反复几次。后来，狼真的来了，大家以为他又在说谎了，就不理睬他了，再没人来救他，结果说谎的孩子被狼吃掉了，付出了生命的代价。这可能是一个寓言故事，但愿不是真有这回事。但这个小故事，虽然历经了多少年代，却至今仍有着深刻的警示和教育意义。

我还听到过这样一个故事：有一个留美的博士生，学成之后想在美国找个工作，尽管他有博士学位，是妥妥的学霸，但经一次又一次面试和背景调查，最终没有一家公司肯录用他。那些比他学业差的同学都一个个找到工作了，而他还在投简历、应聘的路上折腾。他百思不得其解，就问了一家应聘单位的招聘人员，招聘人员直率地跟他说："小伙子，你在美国也许找不到工作了。"小伙子不解地问："为什么？"对方告诉他："你有一次乘车逃票了，在你的信用记录上留下了一个污点。"所以请看看，信用是何等的重要，一个小小的不起眼的失信行为，竟成为他一生都抹不掉的一个污点，对整个人生的发展成长造成了难以挽回的负面影响。

信用一旦丧失，就很难完全恢复。一旦失信于人，就会落寞为孤家寡人，就会寸步难行、事事难成。信用是靠一次又一次的言而有信、行而有果累积起来的。但如果你一次失信，就会前功尽弃，再好的人设都会轰然倒塌。因此，无论是一个国家、一个企业、一个家庭，抑或是一个人，都要像维护自己的生命一样，维护自己的信用。

往大处说，国家的信用也是如此。国家是主权和利益的象征。国家不可能独立存在于地球，它必须与其他的国家发生地理上、经济上、文化上、科技上、金融上、贸易上、交通上等所有方面的联系、交往和合作，这就需要遵守国际规则，不能自以为是、我行我素、唯我独尊。所有做出的承诺、签订的条约和协议都要执行到位，以此来展示一个国家的责任和担当，以此来树立和维护国家的信用。如果一个国家一会儿退群、一会儿毁约，视国际规则为儿戏，视国家信用为废纸，那这个国家即使再强大，再不可一世，迟早要走下坡路，最终要走向没落和衰败。

在国家内部的治理上，信用也是极为重要的一环。一个政府要赢得人民的信任，除了要有好的制度、好的路线，还要有值得人民放心的信用。政府都是为人民办事的政府。如果一个政策、一项法律、一条路线，朝令夕改，不兑现对人民做出的承诺，令人民无所适从，就会令民意对政府的信任产生危机和损害。现在的政府都是每年在政府工作报告中向人民承诺和向人民报告，以此来取得人民的信任和支持，从内外两个方面不断为国家的信用加分，使国家的信用成为国家长治久安的一块重要基石。

从现实的角度考量，企业的信用几乎是决定企业生死成败的一副秘技。企业要发展，必须依赖于内、外两个环境。这两个环境都必须建立在信用的基础之上。对外，是企业的服务对象，是客户、是合作伙伴、是消费者、是供应商、是政府有关机构；对内，是管理团队、是员工。两个方面组成了企业信用的整体形象。

企业与政府的关系，很重要的一点是依法按章纳税，遵守国家的法律法规和相关政策，服从政府职能机构的管理。在对外经营、投资、合作的过程中，要体现严肃的契约精神，一切以合同、协议和章程为依据，慎重地对待对外发生的每一笔业务和每一次交往合作，严格地履行和兑现每一个合同和协议。这样才能使企业不仅有利可图，而且有美誉可收，让企业成为一个靠谱的企业，发展的机会才会越来越多。对内，在管理中，企业也要言而有信，承诺给员工的所有方面，事无巨细，都要认真地、百分之百地兑现到位，让员工建立起对企业的信心，从而激发起员工以企业为家的归属感，使其产生为企业创造、为企业贡献的积极性。这样的企业才会成为百年常青的企业。

一个家庭的信用对于家庭的兴旺发达至关重要，也可以称得上是立家之本。一个家庭平时的信用好，体现在人际关系的处理上，有信用、讲义气、懂感恩、乐助人。比如，当下社会中最为普遍的的借钱还债上，总有一些人，把借来的钱当作是捡到的，欠钱不还的老赖每天都会产生。但也有一些人把家庭的信用看得比性命还宝贵，再苦再难也要把债还上，父辈还不了的，儿辈接着还；已故的人未还的，在世的人接着还。只有以信用立世的家庭，在困难的时候才会得到社会的周济和帮助。那些将信用弃之如敝屣的家庭，一旦家庭遇到困难之时，就会陷入孤立无援的境地。

人是一切社会关系的总和。人的社会性决定了人必须遵守信用，不仅取信于人，也要取信于己。也就是既不骗别人，也不骗自己。信用对个人而言也是一种取之不尽、用之不完的财富，但前提是，你必须以一生的时间跨度，在这个财富之筐里一点一滴用心积攒，不允许有哪怕一次的随心所欲。

因为信用有得难失易的特点，往往耗费十年二十年功夫积累的信用，由于一时一事的言而无信，使所有的信用积蓄彻底归零。听起来很残酷，但这就是信用的属性，其中隐含着人类的生存真谛，我们每一个现实生活中的人，必须对此有一个极为清醒的态度。你想一生富有，还是一生贫穷？其实有时候只在一念之间。这绝对不是危言耸听，而是可以用千百个活生生的现实之事加以佐证的。

说得更实际一点，在我国，国家层面的以信用为基础的新型监管机制已经建立，所有人的信用记录都存储在国家的诚信系统中，如果你的诚信记录有污点，你试试，还能贷得到款吗？如果你每次借别人的钱，都是赖着不还的，你再借试试，还能借得到钱吗？

格局——等于财富的外延边际

格局是智慧财富的一个重要组成。这怎么理解呢？格局真的很重要吗？

什么是格局呢？汉语词典上解释说，"格"是对认知范围内事物认知的程度，"局"是指认知范围内所做事情以及事情的结果，合起来称之为格局。不同的人，对事物的认知范围不一样，因此，不同的人格局不一样。在哲学上来说，格，指人格；局，指气度、胸怀。

格局真的很重要。因为，在某种意义上说，格局就是智慧财富的边际，一个人、一个家庭、一个企业、一个团体，乃至一个国家，其格局有多大，决定了其事业有多大，财富的创造和拥有能力有多大。

格局大，就是气度大，心胸大，眼界宽，境界高。格局小，就是心胸狭窄，气量小，目光短浅，计较于眼前利益。

马克思，恩格斯，一部薄薄的《共产党宣言》，号召全世界无产者联合起来。"让资产阶级在我们的面前发抖吧，我们失去的只是锁链，而获得的将是整个世界。"这是何等的大格局！

中国共产党在刚刚成立的时候，仅仅十几个人，就把实现共产主义作为自己的远大理想，把推翻黑暗的反动统治、让人民过上好日子作为自己的奋斗目标，把为人民服务作为自己的根本宗旨。正因为有如此的大格局，才有星火燎原，共产党执政的天下。

第二部分　财富篇——价值无限的智慧组合

《水浒传》中，同样是首领，王伦是占山为王，而宋江打出"替天行道"的旗号。格局大小不同，结局也不一样。过去有句俗话说："三亩地，一头牛，老婆孩子热炕头。"形容的是那种容易满足的小富既安的思想；而自古至今的君子素来就有"修身齐家平天下"鸿鹄之志。两相一比，格局孰大孰小，一目了然。

格局实际上是世界观的另一种描述，是世界观的固化。如果一个人只看到鼻子底下那么一点点，总是与人计较于一点点蝇头小利，总是以小人之心度君子之腹，总是像通俗所说的"气量小得像芥菜子肚皮"，那么他就不可能成为一个真正的富豪。而一个人如果心胸宽广，具有很大的包容性，既受得了委屈，又经得起挫折，更忍得了大苦，那他一定会拥抱成功，一定会成为智慧财富的最终赢家。

格局作为智慧财富的一部分，如果没有它，这个智慧财富的体系是残缺而不完美的；如果其中有格局，但很小，那就意味着这个财富体系是一个小家子气的体系，它不可能容纳足够多的财富，因为格局决定了容量。打个比方：如果有人问你挣钱干什么？你的回答是"养家糊口"，那么你努力最好的结果只能是能够养家糊口，肯定成不了什么大气候。但如果有人问你赚钱为什么？你的回答是"为了家乡人民过上好日子"，那么，你努力的最好结果就是赚了钱回馈于家乡人民。再如果有人问你赚钱为什么？你的回答是"我不为赚钱，我所做的一切都是为社会服务，为人民幸福。"那么，你就是一个真正的富豪。尽管只用钱来衡量，你不算富豪，但如果用智慧财富的尺度来衡量，你就是真正的富豪，因为你的生命价值得到了无限的提升。

几乎所有的银行打出来的广告语，没有一个说是要赚钱的，都是要为社会、为企业服务。你看，阿里巴巴的宣言是："要让天下没有难做的生意。"再看那些奶粉企业，都说是"为了中国宝宝的成长"。那些汽车企业的广告，都是如何让消费者舒适地享受座驾带来的愉悦和安全。

几乎没有一个企业提到赚钱，似乎赚钱是顺带着的，但钱还是来了。

中国是一个发展中国家，底子薄、人口多，但在新中国刚刚建立起来的时候，共和国领袖就提出了"中国应当对于人类有较大的贡献。"而今天，中国新一代掌舵人又提出了"构建人类命运共同体"的伟大构想。这种格局和胸襟决定着中国不再满足于自己解决温饱，走向小康；不再满足于自身实现中华民族伟大复兴的中国梦，而是以更宏大的格局，为全人类的福祉作为自己的奋斗目标。这就在无形之中激励了全中国人民在取得全面小康，实现中华民族伟大复兴中国梦的时候，不会沉溺于取得的成就，不会陶醉于创造的辉煌，而是继续激情奋斗，为全世界的文明与进步贡献中国智慧和中国力量。

我们应当树立这样的理念——塑造自己应有的大格局，就是在不断地在为自己创造智慧财富。这话看起来说得似乎很抽象、很牵强，但这是有内在逻辑联系的。你只有在塑造和打开自身格局的过程中，才会发现自己开始富有起来，变得强大有力，变得好学上进，变得豁达大度，变得亲和随性。你为此而拥有了克服困难和挫折的坚强意志，拥有了积极进取的人生态度，拥有了更多的良好人脉，你会发现原来不愿接触你的人开始愿意与你交朋友了，你发展的机会也越来越多了。

塑造自己的大格局，就是培养自己的气度和胸怀。它包括了很多方面，比如：胆魄、智慧、眼界、见识、爱心、责任心，等等。你一定要向高尚伟大的人物看齐，向这个伟大的世界致敬，但你也永远不要觉得自己微不足道，应该认为自己可以为社会创造更多的财富、奉献更多的东西。格局其实也是一种生命的张力，格局一定要越来越大，不能越来越小，这样才能保持旺盛的生命力。生命就像一团火，要不断地向其注入正能量，才能保持生命的燃烧。只有燃烧的生命才能既照亮自己，又温暖他人，温暖社会。

需要提示的是，格局是与你的财富成正比例的，这是冥冥之中的宇宙法则。因为格局大,才有担当和爱,才会争取到更多的机会,才会有更多的财富奔你而来,因为财富总是向最懂得它的地方汇聚。只有在有大格局的地方,才是财富的庇护之所,才是财富价值最好的体现之地。

心态——安身之本

心态也是财富吗?当然是!好的心态不仅是一笔稀缺的财富,而且对你的智慧财富起到倍增的作用。心态好,一切都好,脸上有春风,心底有止水,处乱不惊,遇辱不怒。凡事不喜不悲,不骄不躁,坦然自若,不亢不卑。有这样的心态,还有什么过不去的坎?还有什么翻不过的山?还有什么跨不过的海?

心态不好,一切都坏,一切都难。整天脸上蒙着阴云,心里打着疙瘩,凡事都往坏处想,遇人总是结梁子,易怒易暴,易悲易喜,总是与抱怨为伴、与妒忌为伍,稍有不顺便意气消沉,稍遇好事便轻狂浮躁。抱有这样的心态,岂有好事登门?岂有财富进囊?必然机会溜走、朋友疏远,财不固守,富不定居。

好的心态不仅是一笔财富,而且可以对于整个财富以滋养和丰富。比如,有了好的心态,你的身心就会健康,你的效率就会提高,你的生命就有活力,你的人际关系就会顺达,你的修为就会提升,培育了好的心态在无意之中就是一种财富创造,你的整个智慧财富总量因此而与日俱增。反之,心态差,那你的身心就会疲惫,你的生命就会失去活力,你的效率就会打折,你的人际关系就会恶化,你的修为就会降级,也是在无意之中,坏的心态就是对智慧财富的损耗,你的智慧财富总量因此而与日渐减。一增一减,假以时日,一个成为真正富豪,另一个则赤贫如洗。既如此,岂能不深思之?

诚然,心态不是一成不变的,是可以通过积极的修炼而获得一副好心态的。我听说过一个售票员的故事：有一次，有人问一位车站的售票员："你的售票窗口外面总是排着长长的队伍，而感觉你一点也不慌乱，售票干净利落，脸上一直笑容可掬，你是怎么做到的？"售票员说："其实很简单，窗外哪怕买票的队伍再长，在我心里只当作是一个人在排队，我就是一心一意服务好靠在窗口的那个人。"可以相信，那位售票员也不是一下子有此好心态的，肯定也是在日复一日的修炼中才达到此种境界。

当然，如果不能以豁达的态度正确对待遇到的人和事，心态也会一天天变坏。现实中有一些人，常为一些无原则的小事而纠结在心，耿耿于怀，晚上失眠，白天心神不定。长此以往，说不定哪天会变成焦虑症、抑郁症，不仅累及健康，而且极大地影响了工作学习、为人处事。如果这样，心态不是直接影响财富的创造了吗？

心志的磨炼，是一种智慧财富的积攒。许多成功和进步的达成，都是靠良好的心态来保证、来支撑的。比如那些科学家的每一项发明，无一不是经历了千百次的失败后迎来成功的峰回路转；那些关键岗位的寂寞坚守者，无一不是在强大的内心辅佐中，赢得最后一刻胜利的。

智慧财富不仅需要智慧来创造，更需要有好的心态来守护。一个人只有永远保持好的心态，才能成为智慧财富的真正赢家。心态好，财富就往正数上攀爬；心态差，财富就往负数上滑落。

心态好，才是真的好！

兴趣——创富之源

兴趣是梦想的第一粒种子，是事业的第一位向导，是可以随身携带的智慧财富。一个人呱呱落地，第一次睁开眼睛，看到的是一个未曾见到过的世界，一切都是那么的新鲜陌生，一切都是那么的有趣好奇。此

第二部分　财富篇——价值无限的智慧组合

时，兴趣就像探照灯、像探测器一样开始行动了，懂事的爸爸妈妈会顺着孩子的兴趣，为他（她）打开一扇又一扇未知的窗户，引导为他（她）解开一个又一个未知的谜。从兴趣出发，孩子开始积攒属于自己的智慧财富。从牙牙学语开始，孩子的兴趣随着成长而拓展，逐渐有了自己的喜好和判断，开始独立对某一种或几种事物表现出特别的兴趣。这时，孩子的成长真正开始了，兴趣引导着他（她）向更深更广的领域探寻。随着年岁的增长，这种或几种独特的兴趣成了他（她）的独特爱好，成了他（她）最强烈的关注点，成了他（她）高人一等的特长，最后成为他（她）走向成功的机会和阶梯。让孩子因为对某一或某几种事物的特别兴趣，最终成为该兴趣领域的专家或权威，有所建树、有所成功，这是一条再平常不过的、从零开始的智慧财富创造的途径，看上去波澜不惊，却不断地有惊喜发生，兴趣成了成功的第一位功臣。

据说，爱迪生小时候对什么都感兴趣，对自己不了解的事情总想试一试，弄个明白。有一次，他看见花园的篱笆边有一个野蜂窝，感到很奇怪，就用棍子去拨弄，想看个究竟，结果被野蜂蜇得脸肿了起来，但他还是不甘心，非要看清楚蜂窝的构造才罢休。爱迪生后来成了举世闻名的大发明家，可以说，是自幼养成的探索兴趣帮助了他走上了发明之路。

因此，千万不要小瞧了兴趣的作用和价值。如果我们是父母，一定不要忽视了对孩子的兴趣爱好的培养和激发，要学会在孩子成长的第一时间窗口因势利导，让兴趣为他（她）打开一个个未知的世界，让孩子的独有兴趣保持持久，并引导和激励着向有价值、有潜力的方向拓展，让兴趣渐渐变为一种积极的行为自觉，让孩子在兴趣的阶梯上不断地攀爬上未知的境界和高度，让兴趣之树结出丰硕的财富之果。

兴趣也不是孩子们的专属，兴趣属于每一个人的人生每一个阶段。一个人但凡要在某一方面或某一领域取得成功，兴趣是必不可少的利器。我们生活的这个世界是缤纷多彩的，它有着无限多的已知和未知，有着无限多的奥秘和悬念，需要我们去探索、去研究、去解开最后的谜底。因此，我们要时刻培养和保持自己的兴趣，让兴趣成为自己聚焦于某一事物或某一领域的价值追求和成功努力。

诚然，兴趣也是一把双刃剑，它可以为我们打开一个又一个值得探寻的未知领域，也可以把我们引入一个又一个堕落的深渊。前者如对科技的兴趣，可以让我们成为发明创造者，如爱迪生，如爱因斯坦，如许许多多的发明家、科学家，以及各个领域的成功者。而后者，则如有些青少年痴迷上了电子游戏，荒废了学业，最后堕落成一个一事无成的失败者。再比如，有些人兴趣于吃喝嫖赌毒，最后不要说创造财富和积累财富，连家中原有的财富也被洗劫一空，成了地道的败家子。

兴趣其实不仅仅有与生俱来的一面，实际上更有后天培养的一面。一个人原来对书籍不感兴趣，如果多听听、多看看，慢慢地就发生了兴趣，读书也成了一种爱好。也有这样的例子：有人只因是一个偶然的因素促发，神差鬼使地就对某种事物或某一领域发生了兴趣，最后竟无心插柳柳成荫，在某领域上竟成就了一番事业。许多的艺术家和作家在回顾自己成长道路的时候，往往发现当初都是受某一个偶尔的兴趣触发，最终使他（她）对某一领域产生了特别的兴趣。正是这一偶尔触发的兴趣，成就了他（她）的成功人生。

一个人想成就一番事业，让兴趣蜕变为智慧财富的创造，不仅要让偶尔的兴趣变成自觉爱好，而且要对自己的兴趣施以梳理和取舍，要让零散的兴趣变成相对集中的兴趣，这样可以使自己的精力和时间有效地投入到对自己成长有帮助、对自己事业有促进的兴趣爱好上来。要让感性的兴趣变成相对理性的兴趣，以便更好地掌控自己兴趣的方向和领域，使兴趣始终在有价值的范围内生发。要让一时性的兴趣变为持久性的兴趣，使兴趣之犁可以开掘到事物更深、更接近秘密、更接近于事物本质的层面，以便因兴趣而有所收获、有所成就。

既然我们认定兴趣是智慧财富的一部分，那么我们必须在人生的整个过程中，掌握兴趣的保鲜技能，使兴趣如同我们的呼吸一样始终成为我们生命的一部分，直到生命的终老。这个保鲜技能其实很简单，只要我们始终保持对外界的敏感和警觉，觉得我们所生活的外部环境永远是一个尚未完全认知、尚待不断开发的处女地，不断地对其发生兴趣，才能使我们的生命保持有趣而有价值，才能使我们不断地与这个世界保持如胶似漆的友好，才使我们的人生永远地处在丰盈和愉悦之中。

如果我们不幸对这个世界失去了兴趣，变得麻木和漠然，"哀莫大于心死"，那么，这将是一件很可悲的事情，会使我们的人生就像多米诺骨牌一样发生连锁的负面变化，你原有的财富也会一点一点地流失和溜走，最终连什么时候你变成了一个穷光蛋都还不知道呢！

对我们的世界保持兴趣吧，这个即使存在一千种不合理一万种不完美的世界，依然是一个美好的世界、神奇的世界、精彩的世界，依然是一个值得我们爱和留恋的世界。这个世界有我们发生不倦兴趣的无限多的触点和源头；有我们的兴趣值得追逐的无限多的神秘和精彩。让我们以对人生负责的态度和对生命无限珍惜的心情，保持对生活的兴趣、对世界的兴趣。让兴趣成为我们的智慧财富，随身携带在我们的生命旅程中，一直为我们打开前程、开拓路途、享受风景、感受美好。

习惯——事关财富命运

之所以要把习惯列为个人智慧财富的基本组方之一，不仅因为它是人生的智慧财富，更是因为习惯的威力几乎是无法想象的。好的习惯可以受益终生，坏的习惯可能贻害无穷。

习惯是一个人的自画像。有什么样的习惯，就会是什么样的人，一点也不走样。如果一个人习惯于走路风风火火,做事干净利落,心态豁达大度,你就可以想象出他(她)是一个什么样的人——阳光,积极向上,有作有为,绝非等闲之辈。如果一个人走路犹豫徘徊,做事拖沓吞吐,心态阴暗低落,你也可以想象出他是一个什么样的人——消极,不求上进,无所事事,平庸之辈。

实际上,一个人的习惯反映在他的方方面面。以生活习惯来说,有的人习惯于轧热闹,有的人习惯于清静独处;有的人习惯于熬夜,做夜猫子,有的人习惯于定时休息,尊重生物钟的规律;有的人习惯于有计划、按部就班地工作,有的人习惯于做事猫头上一把、狗头上一把;有的人把个人的生活空间整理得井井有条、一尘不染,而有的人个人生活空间随意得凌乱不堪,像个垃圾场。习惯不一样,结果就不一样。假若两个人的其他所有条件都相同,就是习惯不同,其中一个有良习、一个有陋习,可以预见,他们的前途会大不一样,他们的作为也大不一样,而差距就在那么一点点——习惯。

良好的习惯是成功的先导,将为成功和进步打开足够的空间,而不良习惯是失败的前兆,将为失败和挫折提供足够的理由和依据。那些成功的人士、有所作为的人士,无一不是养成了良好习惯,并不断地锦上添花,使自己从内到外的所有习惯,合乎道德,合乎自然,合乎个人的世界观、价值观和人生观,合乎社会的公序良俗。比如,那些著作等身的学问大师,无一不是保持了终生的读书习惯、思考和写作习惯,无一日之懈怠,图每日之开卷有益。

应该说,习惯,这个看不见但觉察得到的东西,每时每刻都在影响和左右着我们的行为、思维。因此,要想取得任何一方面的进步,要想取得任何一方面的成功,或者要想实现任何一方面的梦想,我们都要先审视和检点一下自己的习惯,看看是否与你想要的东西相匹配?是否可以为你想要的成功提供积极的而非消极的影响?是否需要改掉某些不良

第二部分　财富篇——价值无限的智慧组合

的习惯，培养和保持良好的习惯，来为你的目标实现提供主观能动性上的正向保证？

一个人的习惯是可以从小培养的。我记得自己小时候，每次吃饭时妈妈总是要求我把掉在桌子上的饭粒捡起来，并把饭碗里的饭全部吃完，不剩一粒饭粒。为此，我还挨过妈妈的训斥，她教育我说，粮食长出来不容易，一粒米要七担水才能长成。正是在妈妈的教育下，我养成了每次吃饭都把饭碗吃得干干净净，养成了节约不浪费的好习惯。再比如读书，因为我没上完初中就因病辍学了，为了求知，后面我养成了读书的习惯，把读书一事当作如同吃饭、睡觉一样，成为我生活的一部分，几十年没变过。我相信这个阅读习惯会伴随我到老，也因为有了这个读书的好习惯，我受益无穷。

俗话说"习惯成自然"。习惯如果养成，也是不容易改掉的。因此，当我们一旦觉察到可能会有不良的习惯形成时，我们一定要毫不犹豫地与之做斗争，千万不能让不良的行为习惯固化下来。不良习惯的破坏力实在太厉害了，就像风摧之、水冲之，日积月累，对于我们人生的损失就会达到惊人的程度。

培养一个良好的习惯不容易，要改掉一个不良的习惯更不容易，但并不是说，一个习惯形成以后就改不掉了。不是这样的！好习惯可以经培养而获得，坏习惯也可以经努力而革除。我记得尼古拉·奥斯特洛夫斯基的小说《钢铁是怎样炼成的》中有这样一个情节：保尔·柯察金说要戒烟，说着他就把烟头掐灭了，自此，他再也没有抽过烟。这是意志力在起作用。顽强的意志力可以使任何顽固的不良习惯举手投降、放弃抵抗。那么，请问正在创造财富、追逐梦想、争取成功的你，看看自己身上都是良好的习惯吗？还有没有影响和阻碍你达成人生目标的不良陋习呢？如果有，你愿不愿意像保尔·柯察金一样快刀斩乱麻，对准自己的不良陋习举手一刀呢？你有没有如此强大的意志力呢？如果有，让我们为你的自制力、意志力喝彩！有理由相信，你的成功将指日可待。

良好的习惯的建立应不因其善小而不为，小到饭前洗手、睡前刷牙等好习惯，正是每一个细小习惯的累积才形成了你整体的行为习惯。比如对事物多一个心眼的观察、遇到问题穷根刨底的思考等等，个人的行为和思考习惯有很多个维度，每一个维度都需要悉心地打磨，直到养成良好的习惯。

良好习惯的养成也不是一蹴而就的，不仅需要悉心地培养，而且还要悉心地呵护。这个呵护就是自觉地坚持，只有坚持，才能保持。让良好的习惯成为你的一种自然状态、一种本能反应，渐渐地根植于你的灵魂深处，变成你智慧财富的一部分，并不断地得到丰厚。

良好的习惯是个人智慧财富的一部分，而智慧财富的特性之一就是可以与人分享。一个人的良好习惯，也可以让家庭成员、同事、朋友、周围人学习和借鉴，就像一面镜子，既可以照亮自己，也可以照亮别人。如果个人的良好习惯为很多人所学习借鉴，那么，周遭就渐渐地就形成了一种良好的社会风气。在好的风气引领下，整个社会的文明就会不断地进步，社会的智慧财富也因此而不断增长。因此，我们千万别小看了一个小小的习惯。"千里之堤，溃于蚁穴""九层之台，起于累土"，就是这个道理。

技能——家有黄金万两，不如薄技在身

俗话说得好，"家有黄金万两，不如薄技在身"。大家都懂得技能对于生活的价值、对于人生的价值。技能是实实在在的财富，在智慧财富中占有重要一席。

一门有用的技能一旦拥有在身，就是偷不走抢不走的财富，而且一生跟随你，为你开启前程，更为你创造财富。因此，每个人都希望拥有

一门或者数门技能，这也是一种人生战略。如果自己的手里抓不到一点有用的"三脚猫"（注：意为独门技能），确实心里是不踏实的，是经不起风浪的，在社会生活中是立足不稳的。真正有一门有用技能在身的人，到哪里都是"香饽饽"。我有个朋友，才三十多岁，就已经考了20多个专业证书，因此他在职场就从来没有担心过会下岗，因为他拥有了这么多的专业技能，总有社会的需求。还有另一位朋友，他在工作之余，通过了司法考试，具备了律师执业资格。他说自己尽管不会去当律师，但工作中如果遇到法律问题，比如经济纠纷之类的事情，就不需要再去请教别人了。

学习技能要趁年轻，一是精力充沛，有时间；二是记忆力好，容易学到手。像我上面提到的努力掌握专业技能的年轻人不在少数。在我的周围，很多年轻的朋友都很有上进心，都在以各种方式和途径学习新的技能，为人生的成功奠基，为未来的发展铺路。不知亲爱的读者，你手中是否也握有一两门有用的技能了呢？

其实学习技能也需要很好地自我规划，不能盲从，不能别人说啥好就学啥，一定要根据自己的爱好和特长，还要根据社会的需求和发展趋势，更要考虑这项技能能为你带来什么、创造什么价值。要真正能为我所用、为他人所用、为社会所用的技能，才有学习的价值，这需要反复权衡定夺。因为学习技能是要付出代价的，首先是时间和精力，而对于人生来说，时间和精力都是有限的，它们本身就是一种财富。其次是经济的代价，因为不是所有的技能都是通过自学能学到手的，有的要通过培训和深造，有的要通过拜师学艺。再有就是，有些技能可能因为相关的行业随着社会的发展会被逐渐淘汰而派不上用场，如果空学一门技能而无处施展，岂不可惜？

如果你掌握了一些技能，也请不要自吹自擂，觉得自己有多了不起，所谓"山外有山，天外有天，高手在民间""三步之内，必有芳草"

"三人行，必有我师"，要更谦虚好学。技能是需要不断精进的，只有锲而不舍地打磨和细研，让自己的技能成为一门独门绝技，这才是成功的法宝，才是打开财富之门的金钥匙。我曾看到过一个报道，有一项几近失传的手艺活叫补碗，这手艺活曾经是种谋生的技能，但现在社会发展了、生活富裕了，人们生活中即使碗破了也不需要补了，再买一个更省事。因此，补碗技能也淡出了手艺圈，但在特殊的领域，比如古玩界、收藏界，还是需要的。那些价值连城的瓷器古董常需要修复，这就需要这门手艺。一位有祖传技艺的大师级补碗师傅，就这样再次受热宠了，据说预约找他修复瓷器古董的日程已经排到了数年后。这就叫"一招鲜，吃遍天"。真是所谓："三百六十行，行行出状元"。

社会上有些人样样都想学一学，结果样样都只懂一点皮毛，肚子里永远只有"半桶水"，真被需要派上用场的时候却卡壳了，尴尬了，在真正的内行人面前班门弄斧，成了笑话。因此，技能虽然掌握得越多越好，但前提是必须学精学专，如果不能学精学专，宁愿舍弃一些，仅留一二，只求精专。这样，技能才能成为你的财富、你的生计、你的话语权。

如果你掌握有一两门有用的技能，就要找机会让它用起来，发挥其价值和作用。用的过程，既是精益求精的过程，又是创造价值的过程。如果长期不用，技能则要荒废，再拾起来可能事过境迁，就不再那么容易了。

你有了技能，不仅要寻找机会最大限度地发挥出来，为你创造价值、创造财富，而且要懂得与他人分享，就是要乐于传授。因为在传授的过程中，你同样可以学到更多的东西。所谓教学相长，就是这个意思。另外，你还可以用你的技能与人交换，学到新的技能，结识新的朋友，开辟新的领域。

学习和掌握技能宜早不宜晚，所谓"少壮不努力，老大徒伤悲"。

但年龄也不是障碍，学什么只要从今天就开始，都不算为时已晚。只要从现在开始，一切都来得及。我见过很多有关学习技能的励志报道，事迹都很感人，甚至有点不可思议，但都是真实发生的。人的潜能是无限的，只要有意识地激发它，就会发挥出来，做什么事情都难不倒。

诚然，学习技能不是年轻人的专利，人在每一个年龄段都可以学习掌握。年轻时掌握的技能也不是一劳永逸的，还需要不断地提高和精进。随着时代的变化、社会的发展，技能也要与时俱进，比如原来修自行车的，后来要修摩托车，再后来要修汽车了。要使自己的技能不断适应变化了的需求，让自己的技能永远不会被社会的进步所淘汰，不会被他人所超越。

技能的掌握是知识、智慧和阅历等相互作用的结果。要掌握有用的技能，学习和思考是必须的，要拓展与技能相关的知识面，要用智慧的态度对待学习技能，不要蛮干，多动脑筋，善于总结，触类旁通，举一反三，达到事半功倍的效果。

读到这里，您最好能掩卷自问一下：我有没有掌握了一两门独有的技能？我的技能有没有为自己创造智慧财富，或者为社会和他人服务？我应该如何凭自己的技能，使人生永远立于不败之地呢？

知识——改变命运

知识是智慧财富的一部分。培根有句名言——知识就是力量。这样的名言名句还有很多，如："知识改变命运""与其用漂亮的服饰装扮外表，不如用知识武装头脑"，等等。在这个以知识为基础的知识经济时代，知识几乎可以与财富画等号了。

知识确实如此，在众多领域或某种条件下，知识可以通过一定方式和途径的运用，转化为发明创造、设计、产品、商品，转化为智慧财富，这是社会的常态和趋势。因此，每一个人要想在社会立足，要想使自己的人生有所作为，要想使自己的梦想得以实现，要想创造出更多属于自己的财富，就必须向往知识，对知识发生兴趣，并下功夫学习知识，拥有知识，使自己在成为富豪之前，先成为一个知识的富有者，这应该是一个成功人生的基本要求。在当今时代，或可预期的未来，一个人比另一个人强，往往不再是力气的大小，而是头脑里知识多少的比拼，以及掌握知识的能力。

北京大学首任校长严复曾说过这样一段话："物质的贫穷，能摧毁你一生的尊严；精神的贫穷，能耗尽你几世的轮回。"世上没有白走的路，人生没有白读的书，你走过的路、你读过的书，会在不知不觉中改变你的认知，悄悄帮你擦去脸上的无知和肤浅。书便宜，但知识不廉价。读书不一定功成名就，不一定让你前程锦绣，但它能让你说话有德、做事有余、出言有尺、嬉闹有度！

书中不一定有黄金屋，但一定有最好的自己。读书不是唯一的出路，却是最好走的路。读书的苦只有几年，不读书的苦却是一辈子。一个人读过书本的厚度，就是他人生的高度。

正因为如此，一个人从出生到青春年华的二十多年光阴里，最主要的就是通过幼儿园、小学、初中、高中、大学的学习，使其较为系统地掌握各种知识，使其能够适应和满足将来生活、工作和事业的需要。你想将来出类拔萃，你想将来成就大业，在青少年学习时代就要比别人多付出心血，多收获知识，打下扎实的基础。也许有人会说，某某某没有念上几年书，不是照样做了老板、赚了大钱吗？这种情况当然有，但毕竟是个案。真正的成功者，没有一个不是知识的丰富拥有者。有人说，比尔·盖茨也没有大学毕业，照样不是创办了微软，成了世界首富吗？比尔·盖茨没毕业，不代表他没有知识，他通过自己的学习，掌握了比

第二部分　财富篇——价值无限的智慧组合

别人更多的专业知识，才有了他的发明创造的。所有这一切，都不是我们懒得去掌握知识的理由。笔者认为，一个人无论处在什么境况下，学习和掌握知识是百分之百正确的事情。

人类的知识犹如一个大海，而我们的人生又是短暂的百年，无论我们怎样地努力学习，我们都只能汲取到知识大海里的几滴水。因此，学习知识不是盲目地学习，而是要在人生自我设计的基础上，去学习对自己成长和发展最必需、最用得着的知识。也就是说，我将来准备做什么、想成为什么，现在就去学习和掌握相关的知识，这样我们可以相对集中精力和时间，学以致用，尽早地构筑起自己的知识体系。对于一个人而言，只有用得着的知识，才是你的智慧财富。

学习知识，必须得益于兴趣的助力。没有兴趣的学习，会让学习的过程变得枯燥乏味；而有兴趣的学习，就成了一种享受和权利。因此，我们在学习知识的过程中，要善于运用各种有利于培养兴趣爱好的学习方法，让我们每一次的学习变得有滋有味，这样可以提高学习的效率，加快掌握知识的步伐。学习的方法也很重要，我们不提倡死读书、读死书，把自己读成书呆子。我们要善于运用各种有效的学习方法来提高求知的效率，比如：寓求知于娱乐之中，寓求知于休闲之中，寓求知于交流之中。同时还可以通过不同介质的学习途径，来尽可能多地学习和掌握自己需要的相关知识。

求知不是一蹴而就的事情，而是一辈子要下的功夫。为什么呢？因为人类的知识不是死水一潭，而是每时每刻都在更新萌生之中。有专家说，当一个大学生毕业走出校门的时候，他学到的知识百分之七十已经被淘汰了。想想这是一件多么令人恐怖的事情啊！但这是事实。因此，即使你在学校里拿到了博士学位，也不能就此高枕无忧、一劳永逸。更何况，我们在学校里学到的知识本来就有限，而且还可能有很多水分和杂质，真正能用到你人生事业中的不知道占到百分之几呢。因此，每一个人都要树立终身学习的理念,活到老,学到老。其他的东西多了,可能成为负担,唯独知识的拥有,是越多越好、多多益善。大凡不断成功者、不断有所作为者,都是不断的求知者。

有人抱怨,学习知识当然是好事,就是工作太忙,琐事太多,时间太少。其实,大多数情况下,这是一种为惰性开脱的借口。时间当然很宝贵,正因为很宝贵,就觉得很少,这是正常的心理想法,但不应成为我们懈怠学习的借口。同样的情况下,有的人觉得有时间学习,而有的人觉得没时间学习,这是为什么?还不是学习的态度在作祟吗?既然求知是重要的,学习也是一种创富行为,那就要千方百计地挤时间学习。时间确实是要挤的,一小时也好,一分钟也好,积少成多。放长一个时间段后回顾,我们就会觉得:哇!原来自己可以这么神奇,尽管这么忙,仍能挤出这么多时间学习啊!要知道,那些大学问家、作家、科学家们,无一不是惜时如金、抓紧点滴时间学习的楷模。

求知,我们应永远抱着一个虚心的态度。伟人教导我们"谦虚使人进步,骄傲使人落后。"只有谦虚了,你才找得到老师,一旦骄傲了,就会轻飘飘起来,就会目中无人。人们总说:读万卷书,走万里路,阅人无数。在知识的大海面前,我们永远只是微不足道的一滴水;在知识的高山面前,我们永远只是渺小细微的一粒沙。只有谦虚和好学,才会让我们不断丰富起来。

伟人说过:学习的目的全在于应用。知识之所以列为个人智慧财富的范畴,是因为知识可以通过应用而产生巨大的财富价值。一个人有满肚子的知识,却一点也用不出来,完全烂在肚子里,那就没有一丝一毫的价值可言。因此,如果你有知识,就要努力地寻找自己所拥有知识的应用出口,这可能是你走向成功的一个契机,也可能是你成为富豪的一个台阶。要把你的知识与社会的需求精准地匹配,与他人的需求无缝地对接,让你的知识在运用中不断地升值、不断地增加,循环往复,使你真正成为学富五车的知识达人。因为知识本身就是一种财富，而且可转化为其他财富，在知识变现的良性循环中，你进入富豪之列已经指日可待了。

修为——财富的质量之本

一个人的修为，包括了一个人的修养、素质、品德、涵养、造诣等等方面，是属于个人的无形资产，或者叫作软实力。在佛教、道教中，修为是指通过修炼之后所达到的境界。修为在个人的智慧财富总量中占有较高的比重，一个人的自身价值在很多时候是要通过其修为体现出来的。

一个人的修为，与他拥有的物质财富无关，修为是通过自身有意识的修炼所达到的一个境界、一种状态，如谦谦君子。一个人的修为不是华丽的服饰所能打扮出来的，也不是披金挂银所能显现出来的，这是由内而外散发出来的一种气度，一种威仪，一种举手投足之间的潇洒，一种处变不惊的从容。所谓"富贵不能淫，威武不能屈，贫贱不能移"，即是修为到达一定境界的状态。

在某个正式的公众场合，一个穿着笔挺西装的帅男，表面看起来很绅士，但一开口，几句言语中总带着一两句粗话，这时大家对他的印象就一下子打了很多折扣。在日常生活中，我们也可能会碰到那么一些自以为是的富豪，但他们再怎么甩派头，再怎么装，总脱不了一个俗，总脱不了一个粗，除了有钱以外，没有一点内涵和修养。这些人即使钱再多，实际上还是得不到社会尊重的。

而一个真正有修为的人，尽管还不在有钱人的行列，但他举手投足之间总是流露着高贵的气质和君子的风度，那必定会受到他人和社会的尊重。有修为的人，待人处事不亢不卑，即使倍受委屈，倍受污辱，仍不失冰清玉洁之感。

一个人的修为与一个人的才气有联系，没有必然联系。如果一个人有才无德、恃才傲物、刚愎自用、自以为了不得，这对他自己很不利，总有一天要被吐槽，栽跟斗；对社会也不利，因为在和谐的氛围中他总会掺杂进不和谐的因素。

真正修为达到一定境界的人，笔者以为至少要体现在这几个方面：

善良。《三字经》开头第一句就是："人之初，性本善。"善良是否人的先天本能，我们不下结论，但善良之心是可以在后天的修炼中获得的，这一点是不容怀疑的。俗话说得好：善有善报。善报就是福报。人为善，福虽未至，祸已远离。只要你善良有尺、善良有度，你的善良终将为你带来美好。与人为善，便是与己为善。一个人一心向善，愿意为他人付出、为社会奉献，老天爷都看在眼里、会帮他的忙，给他创造各种机会，让他成长，让他成功，让他发财致富。这是一种因果报应，与信教有关，但也与信教无关，无形的规律就是命运。命运总是会奖赏那些愿意付出的人。善良是一种选择，选择善良，我们才能活得心安，心安便是最好的归宿，也是最好的幸福。

厚道。做人，不要傻得可怜，也不要精得过火，最好的选择，就是做一个厚道的人。精明的最高境界就是厚道。厚道为人，厚道处事，于心无愧，你就能赢得别人的尊重和认可。所谓"厚德载物"，做人，只要有了好的德行，就没有承载不了的事。厚德者，必有厚福！

诚信。做人当以诚信为本，人无信则不立，不讲诚信之人，人缘会越来越差，路会越走越窄，最终走向穷途末路。与人交往，诚信第一。言必信，行必果，说一不二，说到做到，如此方能赢得别人的信任。得道多助，失道寡助。一个人，要想有所成就，当以诚立信，以诚换诚，以信换信。

谦虚。做人要有自知之明，不可骄傲自大，要懂得谦虚、低调。谦虚可以让你飞得更高，低调可以让你走得更远。三人行，必有我师。懂得放低姿态，虚心向人学习，低调为人处世，方能不断壮大自己，成就一个更好的人生。不管任何时候，谦虚点，总是有好处的，不仅有利于自己进步，还能更好地与他人相处。

宽容。心放宽，才能容下更多的人、更多的事。要懂得宽容，以责人之心责己，以恕己之心恕人。宽容别人，其实就是给自己的心灵松绑。不为难别人，不为难自己，放过别人，也放过自己，彼此都好过。懂得宽容，是一种大度，是一种豁达，更是一种智慧。宽容别人，不仅提高了自己的修养，还赢得了别人的尊重。

坚持。滴水穿石，聚沙成塔。做人做事，贵在坚持。这些道理虽然都很浅显，甚至已经成为我们的常识，但真正实行起来却是很难的。"行百里者半九十"，很多人输就输在最后的这个"十里"，有始而无终，岂不可悲。一个人，要想干出一番成就，除了努力，还需要有恒心、有耐心、能坚持。坚持一天很容易，坚持一周也很容易，坚持一个月或许也不是太难，但能坚持一年、十年、二十年乃至一生的人，往往是非常不易的。人生需要不断努力，也需要不断坚持。越能坚持的人，往往越坚强、越勇敢、越厉害，也越好运。我们听到过很多励志的故事，往往一个人似乎一辈子就做了一件事，做成了一件事，做成了一件惊天动地的事，但实际上这一件事的成功，最应该归功于背后的坚持！

修为可能还不止就这几个方面，但人无完人、金无足赤，如果在这几个方面达到了一定的境界，那就很了不得了，至少你已经是一个受人尊重的人、一个品格高尚的人、一个灵魂清白的人、一个精神富有的人。

人的修为，不是靠某时某刻某阶段的努力，而是每日每时的功课，一辈子的功课。人的修为只有在不断提升中，永远不会到达顶点。在历史上，修炼到圣贤的境界者，可谓凤毛麟角。正因为如此，我们就不能有一刻的懈怠，必须有时时的警醒，有日日的自省。如果你要想成为一个真正的富豪，你想要拥有比别人更多一些的智慧财富，那你就要比别人更加自觉地修炼自己、提升自己。说白了，修为本身就是一种财富。修炼的过程就是智慧财富的创造过程。生命给了你机会，那就请牢牢地抓住不放。

阅历——无形资产

　　阅历是一个人的亲身经历。亲身见过的、听过的和做过的，并从其中得到的知识、经验和智慧，这是人生弥足珍贵的宝贵财富。所谓"见多识广"，就是这个意思。阅历为什么是你的宝贵财富呢？因为，你的阅历实际上就是你的一份履历，它真实地记录了你的每一个或迷茫、或清醒的人生轨迹，定格了你的每一个悲喜成败的瞬间，烙刻了你的每一个或激情燃烧、或心灰意冷的时刻。这是你与所有人都不同的独一无二的生命体验，既是你对以往光阴岁月的记忆，又是你迈向未来之路的鉴镜。丰富的阅历可以在你以后的生命征程中少走弯路、规避风险，并尽可能地争取更大的成功。

　　一般而言，阅历与年龄有关，相较于年轻人，中老年人的阅历总是要丰富一些。经历的事情多了，见识也多了，所谓此人"城府深"，其实这个"城府"都是建立在阅历基础之上的。但阅历与年龄的关系也不是绝对的，同样的年龄，一个人阅历非常丰富，而另一个阅历尚浅，这种情况也很多见。丰富的阅历，与一个人的兴趣、性格、意志和抱负都有关系，与一个人生活的环境、到过的地方和从事的职业都有关系。如果一个人的性格外向，敢于尝试各种新鲜事物，或者喜欢折腾一些从未接触过的东西，喜欢去一些从未去过的地方，那一定会从一次次不同的亲身体验和经历中，不断地得到新的知识和经验，不断地丰富自己的阅

第二部分　财富篇——价值无限的智慧组合

历。而如果一个人思想保守，不愿意尝试新东西，习惯于守候在熟悉的地盘，不喜欢在未知的领域进行风险尝试，那这个人的阅历相对而言会变得单薄肤浅一些。

如果你要真正成为一个智慧财富的富有者，你就一定要在自己的生命历程中，尽可能多地去丰富你的阅历。如果你还年轻，更要如此。前几年有一份很火的辞职信，就是一句话："世界这么大，我要去看看"，代表了一代年轻人的心声。读万卷书，行万里路，阅人无数，就是要增加阅历，丰富人生。因此，有一些人，甚至越来越多的人，不惜放弃高薪、放弃工作，去游历世界。如果仅仅从金钱或者物质的层面来考量，这似乎不可理解，被认为不值得。但如果从智慧财富的理念来衡量，这又是十分有价值的。世界著名的散文集《瓦尔登湖》，就是作者亨利·戴维·梭罗在湖边搭了一个十几平方的小屋，住了两年多而写下的生活体验，成为一份独一无二的智慧财富。阅历是智慧财富的一种存在方式，而丰富阅历的过程就是创造智慧财富的过程，每一次有意义有价值的经历都是满载而归的财富积攒。

我看过媒体上的一个节目，其中一位嘉宾说，他在以往的几十年中，到过南极北极，到过深海甚至于数千米深的海沟，到过几座世界有名的高山，到过100多个国家和地区。他的阅历成就了他丰富的人生故事。他说，他比别人更享受了生命给他带来的无穷体验，一个人活出了超过几个人的生命滋味。他认为自己这一辈子值了。

历史上，大凡成功的人都是阅历丰富的人。徐霞客就是游历了无数名山大川以后，才有传世名作《徐霞客游记》，才成就他成为举世无双的地理学家、游记作家。还有很多的古代诗人，正是以丰富的阅历为前提，写下了无数千古传诵的不朽诗篇。

诚然，阅历的丰富也并不是仅仅多走些路、多拍几张照、多留下一点"到此一游"的纪念所能达到的。阅历的丰富，它不是仅仅用机票、车票堆积起来的,也不是仅仅靠脚步丈量出来的,它同时是一个观察、体验、审视、思考和总结的过程,是用心用脑经历的过程。因此,我们要把每一次阅历体验都作为学习成长的过程。如果有条件的话,要及时记录好每一次怦然心动的体验和豁然开朗的顿悟。同样的一次阅历体验,用心与不用心,收获是截然不同的。笔者的一位朋友退休后,不仅跑遍了全国,还境外游历了三十多个国家和地区,且写下数百篇游记随笔,为他的人生阅历的丰富留下了浓墨重彩。

阅历不是仅仅在一帆风顺中产生的,也不是仅仅在成功和胜利中积累的,它同时也是在大风大浪的搏斗中产生的,也是在失败和挫折的磨炼中产生的。而且从某种意义上说,越是艰难困苦、越是绝境险道,就越能丰厚你的阅历,成为你人生的资本和财富。有的人一生跌宕起伏,经历了辉煌与沉沦,经历了成功与失败,丰富的人生阅历不仅成为自己的智慧财富,也成为别人眼里的人生教科书,如"褚橙"品牌的创始人褚时健的传奇人生。因此,古今中外的成功者都会用自己的人生经历告诉后来者,勇敢地经受人生的各种历练和磨砺,凡欲成大器者,必先劳其筋骨、饿其体肤、苦其心志。

当然,我们每个人都要从自己的实际出发,从自己的体力、精力、财力等方面综合考虑,来规划阅历之程,不能顾此失彼,也不能不考虑风险的承受能力和规避可能,一味地盲目且不计后果地从事一些高风险的项目。同时,我们在实施每一个阅历体验的项目时,不仅要考虑到自己可能的承受程度,也要考虑到家人的支持和容忍程度。让阅历的丰富真正成为智慧财富的创造,而不是一场失控的人生豪赌,也不能因为丰富阅历来对智慧财富的其他部分无辜耗损。

阅历的丰富也不仅仅是外出走走那么单调,它有许多丰富的选项和途径,它可以是一次参观,也可以是一场辩论,还可以是一次职业的"跳槽",也可以是一个全新角色的尝试,等等。生命的价值就在于不断

第二部分　财富篇——价值无限的智慧组合

地"折腾",不断地尝试,然后才是不断地成长、成熟、成功,最后才是不断地富有、自由、幸福。

一个人在暮年回首的后悔,往往不是赚钱的多少,而是在整个人生之路上,与许多可能交集的风景失之交臂,有机会而没有抓住机会欣赏到;而是在整个生命的光阴里,没有更多地尝试做一些本来完全可以尝试而且有可能做成功的事情;而是在人生的某一个时刻,因为缺乏风险的承受意识而错失了本该可以让生命更精彩一些的体验和经历。一个垂暮老人痛悔的往往就是这些,但觉醒之时已经日暮西山、气息奄奄,再无重新来一回的可能了。

人作为一个独立的生命体,一出生就肩负了崇高的使命。这个崇高并不是说一定要完成什么惊天动地的大事业,或者成为一个什么大人物,而是要在生命的过程中,真正品味出生命的滋味,真正地感受到不虚此行的一种成就感,以丰富的阅历成全生命的愿景。

智慧——无价之宝

智慧不仅本身就是财富,而且又是财富之母。在智慧财富体系里,智慧占有核心地位。那么,我们要问——智慧究竟是什么呢?在经典的工具书里、教科书里有权威的解释,大致有这么几点:① 对事物理解、处理和发明创造的能力;② 才智、知识、学问;③ 智慧是对知识的最好使用;④ 智慧是人发现真理,创造与运用知识的能力。从以上解释我们可以上看到,相对于个人而言,智慧是能力、才智、知识、学问的综合和运用,是看一个人强大与否主要标志,是看一个人有否作为的主要判断,也是看一个人是否富有的主要依据。

智慧可以逢凶化吉,趋利避害;智慧可以探幽入微,预测未来;智慧可以创造财富,赢取成功。国外有个亿万富豪曾说:"如果把我扔在沙漠里，只要有一队骆驼经过，我还是一个富豪"，他指指头脑，"因为我有——这个"。言下之意，他的头脑里有智慧。

智慧之人可不是外国的专属。无论在中华民族的历史长河中，还是在现实生活中，智慧总是以其神奇、雄威和魅力引无数英雄竞折腰。无数的圣人、贤者、成功者、有作为者，无不同时又是一个富有智慧的智者。他们为了拥有智慧，皓首穷经，殚精竭虑，一生追求不息。你看历史上的诸葛亮，他简直就是智慧的化身，不说他辅佐刘备成就帝业所做的智慧贡献，就凭《隆中对》、《出师表》、《诫子书》等留史的几篇经典之作所散发出来的智慧之光就已经叹为观止了。像诸葛亮这样的智慧之才，在中华民族的历史上群星荟萃，无以计数。那些伟大的智者为今天的我们留下了无数的智慧瑰宝。四书五经，诸子百家，穿越千年，光芒依旧，成为中华民族永远不垮不倒的智慧支柱。

一个人如果需要强大、需要成功，最不能缺少的就是智慧。但在学校里，从幼儿园、小学、初中、高中到大学，只有传授知识的课程，没有传授智慧的课程、没有专讲智慧的教授。那怎么办？靠自己！其实智慧无处不在，而又无法真正地触摸。它不是单纯靠勤奋就可以得来的，也不是单纯靠汗水就可以换来的。智慧是悟出来的，靠心有灵犀一点通，靠瞬间的顿悟，也靠反复的实践。一个人要拥有智慧，唯一的秘诀就是学习、思考、实践，在如此的循环往复中，让所思所想一步步接近真理和真相，接近事物的本质和规律。

智慧是大度的，虚怀若谷的。智慧不是小聪明，小伎俩、小把戏，它有高贵和圣洁的内涵。有句话说得好："栽下梧桐树，引得凤凰来。"因此，人只有具有高尚的品德，才会有智慧的青睐。那些灵魂不洁之人是不配拥有智慧的。

智慧是谦虚的，低调的。那些喜欢唱高调吹牛的人，肯定没有智慧，也是不配有智慧的。九五之尊，亢龙有悔。人生处在社会的无数个

第二部分　财富篇——价值无限的智慧组合

漩涡之中，要历经千难万险，唯有智慧可以驾驭幸福安康。你看，"见好就收""激流勇退"……在浩瀚的中华词典里，每一个成语都是一个智慧的故事，都是智慧的启迪。

智慧的价值是无限的，它可以无中生有，化腐朽为神奇；它可以逢山开路，遇水搭桥，化绝境而重生。千百次的汗水，不如一个智慧的点化。凡是发明创造，凡是成就成功，都是智慧点化的结果。你看看现实中，哪一个成功人士，不是借着智慧之光从黑暗中走出来的？作家、科学家、企业家，他们的非凡之作：专利、作品、项目、工程、系统、平台……哪一个不是借着智慧之力打造出来的？即使平常的人间烟火里，也无不晃动着智慧形影相随的影子。没有智慧的生活，就像没有阳光、空气一样的生活。在我们的生活中，在我们的人生中，对于智慧无论怎么夸大它的价值都不会过分，智慧承担得起这份评价、这份殊荣。

智慧是不能用文凭来衡量的，即使一个人拥有大学、研究生学历，获得了硕士、博士的学位，也未必就算有了智慧。因此，在智慧面前，我们不妨保持一个谦虚的态度，保持一个洗耳恭听、虚心求教的态度。智慧在哪里？智慧没有固定的形态，不可以用钱去采购，也不能用手去搬动。智慧只能在你不断的观察、学习、思辨、借鉴中一点一点地积累。

拥有智慧，比拥有知识更重要、更有价值，但智慧的拥有不是容易的事情。有些人虽然读了很多的书，依然很愚蠢；有些人经历了很多事，还是经常办蠢事，总是受挫折、遭失败。这是为什么呢？是因为智慧只有在善良正直的土壤上开出花朵、结出果子。因此，你如果想拥有智慧，就必须先陶冶情操、洗涤心灵，让你自己拥有一个健康的身心，来为智慧的光临腾出一个干净的空间，以便让智慧愉快地在你那里安家落户，与你为伴，助你成功。

我们常常说"勤劳、智慧的中国人民"，勤劳和智慧正是中国人民引以为豪的两大优秀品质所在。我们作为其中的一员，不乏智慧的天赋，但这仅仅表明你只是有了这方面的基因，并不真正拥有了智慧。你想要拥有智慧、成为一个智者，就必须尽快地进入到智慧的修炼和积累中来。如上所述，你必须每时每刻毫不懈怠地观察、学习、思辨、借鉴，用你一生的心血去积累智慧、创造智慧、丰富智慧，成为一个智慧大家，成为一个真正的富豪。

以上仅是列举了个人智慧财富的一个基本组方，作为智慧财富的一个基本体系。但需要说明的是，这并不是个人智慧财富体系的全部选项，智慧财富体系还可以有许多的子项供我们选择。每个人可以根据自己的人生目标和实际需求，组合出最适宜自己的智慧财富组方。笔者同时诚恳地建议，你的智慧财富组方一旦确定，就要全力以赴地执行实施。我相信，只要不懈地努力，你就会不断地接近心中的智慧财富目标。但也要有这样的心理准备：不管你的智慧财富组方是什么样子的，都是不会轻易地实现的，而且从智慧的角度来看待，只能是离你设定的财富目标越来越近，不可能完全实现。这就是智慧财富的魅力，越是追不到手的，越是有追求的价值和追求的动力。

笔者还提醒一下，你的智慧财富的组方不一定是十全十美的，选好后，也不是一成不变的。随着时间的流逝、年岁的增加，你可以不断地做出一些调整，使你在对智慧财富的追求中，一直保持一种激情和动力，让智慧财富体系不断地适应人生每个阶段的需求，让持续丰厚的智慧财富，不断地为你彰显人生的价值，不断为你的幸福自由做出最好的保障。

第二部分　财富篇——价值无限的智慧组合

家庭智慧财富组方

家庭是藏富之地，唯有智慧财富方能传承久远。

家风——传家宝

我们把家风放在智慧财富家庭组方的第一席，是有理由的。家风是家的精神灵魂和价值准则。"家风"又称门风，是家庭或家族世代相传的道德风尚、生活作风，即一个家庭由始到今而逐步形成的风气，是得到家庭成员认同并遵循的行为规范。

家庭是中华民族大家庭的一个细胞，它的所有言行举止，无不受到中华文化的熏陶和浸润。在无数个家庭薪火相传、繁衍生息的过程中，培育了许许多多富有中华民族特色和价值取向的良好家风，成为家庭（家族）的精神财富。

在一个家庭（家族）中，家风并不一定是题在门上、写在纸上的，它是以一种无形的、耳濡目染、潜移默化的方式，影响和左右着家庭成员的言行举止，影响着家庭的兴衰成败。而且，家有百家姓，家也有百家风。正如每一个人都有自己的风格气质一样，家也有其习性和风貌，有的以勤俭持家为荣、有的以诚信立族为本、有的以敬老爱幼著称、有的以扶弱济贫扬名。家风是家庭传统、家庭文化的灵魂。千万家的家风，共同构成了中华民族大家庭的大家风。

我们说，一个人的修为境界是修身、齐家、平天下，而齐家，就是在一个家庭中，向优秀的家庭成员看齐、作学习的榜样。家风的形成，总是通过家庭成员中的尊者或长者对良好风范的身体力行和言传身教，来引导和影响家庭其他成员。因此，从某种意义上说，在一个家庭中，有没有一个或几个可以作为家庭榜样或标杆的成员，是家庭兴衰的风向标。俗话说："龙生龙，凤生凤，老鼠的儿子会打洞"，一方面说明遗传基因的强大，更重要的是说家风在起作用。因为，在一个家庭中，父母是孩子的第一个老师，家庭是孩子的第一所学校。有其父有其母，必有其子。在笔者的周围，我发现，但凡父母是节俭的，孩子也是节俭的；但凡父母懂得感恩的，孩子也懂得感恩的；父母是孝顺的，孩子也是孝顺的；父母是正直的，孩子也是正直的……这种例子在生活中太多了。这就叫一代传一代、一代看一代，这就是榜样的力量、家风的力量。

家风不可能独存于社会风气之外，而是社会风气的一个有机组成，同时也受到社会风气的深刻影响。在我国历史上，形成了较多带有明显封建时代色彩的家风，如司马光的《家范》、曾国藩的《家书》中所体现的，整体上反映了中华民族传统的精神风貌，有其时代的局限性。其实，每一个家庭的家风无不打上时代的烙印，家风既在家庭或家族繁衍生息的过程中逐步地形成和发展，但也不是一成不变的。这就需要我们每个家庭跟随时代的发展趋势和价值取向，用社会所推崇的价值观来完善和丰富家风的健康内涵，让家风成为家庭激励每个家庭成员有所作为的正能量。

家风在潜移默化的过程中，不仅起到约束和规范每个家庭成员的行为和价值追求的作用，更重要的是作为家庭的智慧财富可以代代相传。它比钱财的传承来得更可靠、更有价值，因为钱财的继承是有限的，是可以消耗干净的，而家风作为精神财富是价值无限的、是享受不尽的，而且在一代一代的承继中会不断增值和丰富。因此，作为一个家庭，在考虑为下一代留下点什么的时候，请不要把主意独独打在为下一代积蓄多少的金钱、家产，更要把注意力放在如何为下一代留下一点精神财富，比如勤奋、忠孝、好学、诚信等等。这每一粒薪火相传的精神种子都是无形财富、都是无价之宝。我女儿就不止一次地跟我说："老爸，你写给我的家书《山风拂过百合——一个五零后老爸给女儿的家书》（东南大学出版社出版）就是我家的传家宝，这比百万家产还要珍贵、还要有价值。"

家风的形成也不是一朝一夕的事情，是家庭成员在一代一代的漫长岁月中一点一点积累和形成的。它没有强制性，也没有时限性，而是在相互鉴照和比较中约定俗成的。或许，对于一般的家庭而言，尚不能用文字语言来表述家风，或者尚没有明显的家庭行为的特点，或者说尚没有家风可言，那是不是就没有家风、也不需要家风了呢？或者说，对于一般的普通家庭，家风是不是可有可无的呢？笔者坚定地认为，家风很重要，家风是家庭的灵魂。如果家庭没有自己的灵魂，那家庭行为是盲目的，家庭成员会无所适从。因此，家庭兴，从家风始。一个好的家风可以为家庭注入生机、活力和动能。历史上，多少绵延百代的名门望族，都是与家风的弘扬和继承分不开的。当代社会，那些有作为的成功人士无不受到良好家风的熏陶，在作为人生的第一所学校的家庭里受到了良好的启蒙教育。诚然，家风有好有坏。坏的家风，会对家庭成员产生负面的影响，败家子多数都出在家风不正的家庭里。

在现实生活中，人们常常说门当户对，实际上这其中很大成分是在说家庭之间家风的相互融合、对路。也可以说，家风是衡量家庭与家庭之间是不是在一个品位、一个层次上的标尺之一。这对于谈婚论嫁是一个很重要的参考值。因此，为什么高不成、低不就的婚姻恋爱会出现尴尬，一个重要的因素就是，在门当户对的考量上，找不到合适的对象。

培育良好的家风，应从小处着眼、从现在开始。这是一项与创业、挣钱同等重要的事情。因为，家风的培育对于家庭而言，是一项战略性、基础性的事情。它不需要花费家庭的财力物力，只需要每一个家庭成员在承担家庭责任和义务的过程中，能够自觉地以家庭的兴旺发达为目标，汲取中华民族优秀文化中的精髓和内涵，融合时代精神，来逐步地形成具有自身家庭个性的良好风尚和生活习俗。在这个过程中，也可以借鉴其他优秀家庭的良好家风作为自家参考的标杆。

人丁——兴旺与否的象征

人丁是家庭存在的基础，在家庭发展中具有决定性的作用。人丁本身也是家庭智慧财富中最宝贵的组成。

在中华传统文化中，人丁兴旺，不仅代表着一个家庭的人口数量在增加，更是家族繁荣昌盛的重要标志。在古代社会，一个家庭的子女众多，往往意味着更多的劳动力和更强的经济基础。

即便在现代社会中，家庭对于"人丁"的依赖程度有所减弱，但"人丁兴旺"依然是绝大多数家庭所期望的状态。家庭成员的数量和质量，直接影响到家庭的活力和发展潜力。这就是为什么在国家实行计划生育的年代里，许多家庭仍然冒着违反计生政策的风险，去做"超生游击队"的原因。现在，国家放宽了生育政策，甚至鼓励家庭多生优生，给家庭的人丁兴旺创造了一个宽松的政策环境，家庭的生育积极性得到了充分的发挥，国家人口增速降低的势头正在被遏止。虽然，尚有一部分家庭对生育并非持积极的态度，少数年轻人甚至有不婚不育的观念，但在总体上说，绝大多数的家庭还是创造着各方面的条件，做着多方面的努力，努力实现本家族的人丁兴旺，期望薪火相传、绵延不息。

俗话说"家和万事兴"，家庭成员之间的和谐相处、理解包容，是维持家庭稳定和促进发展的前提。如果再加上家庭经济的殷实，为家庭人丁兴旺创造了物质条件，使家庭生活没有后顾之忧，实现人丁兴旺是完全可能的。

诚然，人丁兴旺的家庭并非仅指人的数量多，更强调质量高。身处信息化的时代，如果家庭成员仅有一身蛮力，而无知识技能，那也是没有发展潜力的，只能勉强生存，更谈不上成为富豪之家。因此，家庭成员的个人发展非常重要，对子女的教育特别是让子女享受到优质资源的教育，往往是家庭建设的重中之重。在现实中，许多条件一般的家庭都不惜投注重金，倾注最大的心血，让子女接受最好的学校教育。因为大家都明白，家庭之间的比拼，最重要的一点，就是看子女有没有出息，是不是一代更比一代强。

当然，人丁兴旺对于一个家庭来说，也具有两重性。一方面象征着家庭的发展潜力，另一方面也可能加重了家庭的经济负担，特别是在子女的培养阶段，或许是一个比较难熬的过程，需要投入很多的精力和财力。但为了家庭的长远发展和未来的希望，绝大多数家庭都选择了负重前行，这也正是在为家庭的未来创造智慧财富。

环境——幸福感的重要考量

家庭居住环境对家庭的兴旺发达具有深远的影响。一个和谐、舒适的家庭环境，不仅能提升家庭成员的幸福感，还能促进家庭成员之间的良好互动，从而为家庭的繁荣打下坚实的基础。这里所说的家庭居住环境，包括了硬环境和软环境。

居住的硬环境也分两部分：室外环境和室内环境。通常来说，好的室外环境应该宁静、优美，绿化到位、空气清新，水土优质，交通便捷，入托入学、看病就医、健身购物均方便。简单一句话，就是通俗意义上的"风水宝地"。当然，任何居住的地方都不可能十全十美，但总要努力争取居住在生活便捷、舒适的地方。如果暂时还没有条件，仍要想办法创造条件，逐步地加以改善或者迁徙。

室内环境的优劣直接影响到家庭的生活质量。居住环境最基本也最重要的，是采光和通风。对于居住空间的要求，是满足居住的功能需求即可，比如起居、厨卫、会客、休闲、阅读、健身等等。当然，可以独立设置，也可以兼容并用。居住的面积当然大一点更好，但也不是越大越好。如果家庭成员少，房子太大了，显得人气不足，不仅影响身心健康，还因为打理家务等因素成为负担。其次，就是对于家庭的装潢，有的喜欢豪华、有的喜欢简约、有的喜欢中式、有的喜欢西式，这就根据家庭成员的各自喜好而定，没有统一标准。但最好不要过分装潢，造成一种人为的压抑感。装修的材料一定要符合环保的要求。至于家庭设施配置，要跟上时代的潮流，尽可能地智能、安全、舒适、便捷。随着科技的高速发展，不断有更高级更智能的家居问世，可以根据自身的条件和需求，逐步地弃旧换新，在动态中实现与时俱进。

居住的软环境主要是家庭成员之间的关系。家庭是生活的避风港，也是人生的加油站。一个和睦、充满爱与包容的家庭环境，可以为家庭成员提供积极的情感支持，帮助他们在面对外部压力时，始终保持乐观向上的人生态度。良好的家庭居住软环境，这也是家庭智慧财富的组成部分。每一个家庭成员必须以自己的言行举止来共同创造和维护好。

良好的居住环境，对于儿童的成长来说特别重要。要让孩子在成长的过程中，时刻得到来自家的爱与温暖，来自家庭的保护和提携，接受到良好的家庭教育，扣好人生的"第一粒纽扣"。这本身就是在为家庭的智慧财富积累后劲和潜力。

居住环境还包括邻里关系的维护。俗话说"邻居好，赛金宝"，我们要弘扬中华文化的传统美德，邻里之间相互包容，相互关心，和谐相处。

综上所述，家庭居住环境对家庭的兴旺发达具有重要的影响。通过创造一个和谐、安全、舒适、美观、可持续、社交性好、个性化强的家庭环境，可以有效促进家庭的发展，提升家庭成员的幸福感和生活质量。因此，每个家庭都应该重视居住环境的改善，努力营造一个有利于家庭繁荣的居住空间。

和睦——家和万事兴

和睦应该是家庭智慧财富中不可缺少的一个要件，所谓"和为贵""和气生财""家和万事兴"。很难想象，在一个"大吵三六九、小吵天天有"的家庭中，会有一个财富天天增长的气象。

家庭的成员都是具有血缘、亲缘关系的，即使嫁进门的媳妇也是缘分所至，荣幸成为家庭中的一员，进了一个门就是一家人。一家人生活在一起，苦难共担、有福同享，只要和睦相处，即使生活苦些，也是苦中有乐。中国的传统家庭中，三世同堂、四世同堂的景象比比皆是，诚然，随着时代文明的不断进步和年轻人向外发展成为一种趋势，两代人或者三代人分开居住的比例已经大大增加，但不管怎么样，家庭作为最基本的社会细胞还存在。再小的家庭，哪怕两口之家、三口之家，也都存在一个和睦相处的问题。

家庭和睦，就是家庭的每一个成员都相互尊重、相互关爱，用为对方着想的实际行动来增强彼此的情感联系，让家庭成为一个充满爱的温馨港湾。

因为家庭成员的性格各异，受教育的程度不同，分担的角色也不同，在家庭内部，有时因家庭生活问题出现一些矛盾和纠纷可能也是难免的。此时，彼此都不要把对方当作出气筒，而要主动地做矛盾纠纷的减压阀，用最好最适宜的方式，及时、心平气和地沟通，相互退让和包容。这些退让和包容也是做给家庭其他成员看的。跟家里人过不去，就是跟自己过不去，伤的不仅是对方，伤的也是自己，也伤及整个家庭。总吵总闹，财气渐渐就散了。只有家和，才能财聚。

家庭和睦，还会给家庭成员带来安全感与归属感，使家庭成员在面对外部压力和挑战时，能够感受到来自家庭强大后盾的支持和帮助，能够同心协力一起携手走过今天的风雨,迎接明天的彩虹。

家庭和睦还会提升家庭成员的幸福感。研究显示,生活在和睦家庭中的人,通常拥有更高的生活满意度和较低的心理压力,这有助于提高他们的整体幸福感和生活质量。特别是成长在和睦家庭里的孩子,因为从小就接受到良好的情感教育和社交示范,往往具有较高的社会适应能力和人际交往能力,这对他们的未来发展极为重要。

和睦的家庭环境为家庭成员提供了稳定的情感支持,使他们能够更加专注于个人发展和实现职业生涯规划。家庭成员之间的互相鼓励和支持,能够激发个人的潜力和创造力,促进他们在学业、事业等方面取得更好的成就。

总的来说,家庭和睦对于家庭的兴旺发达具有深远的影响。它不仅能够提升家庭成员的幸福感和生活质量,还能够促进家庭成员的个人发展、培养社会责任感、维护心理健康、促进健康生活习惯、改善代际关系以及提高共同目标感。因此,每个家庭都应该努力营造一个和睦的家庭氛围,为家庭的繁荣打下坚实的基础。

亲情——比金钱更重要

亲情在家庭发展中占据着核心的地位,是维系家庭成员之间关系的情感纽带。这种深厚的情感连接对个人成长、家庭和谐以及社会稳定都有着不可忽视的积极影响。

亲情无价,比金钱更重要。亲情为家庭成员提供了一个遮风挡雨的情感避风港,使他们在遭遇不幸和无助时,得到心灵的慰藉和伤痛的疗愈;使他们在身处低迷和挫折时,得到信心的提振和精神的鼓舞;使他们在面对荣誉和成功时,得到由衷的赞美和喜悦的分享。

在亲情的滋养下,家庭成员能够在无形中感受到无条件的爱与接纳，感受到生活的美好和幸福。亲情是需要培育、需要维护的。比如，通过家庭中的祭祖活动、庆祝活动、不定期的团聚活动等等各种方式，来增进亲情关系，让这一份血浓于水的骨肉亲情代代相传，这就是在积累一份用金钱都换不来的智慧财富。

亲情更是体现在家庭日常生活的点点滴滴中。亲情是一碗热汤，是一个微笑，是一个拥抱，是无声的默契，是无形的关爱；是冬天里的一盆炭火，是夏天里的一缕凉风；是倚门翘首的盼等，是临别远行前的叮咛。培育亲情、维护亲情，是家庭成员的责任和自觉，也是家庭创造智慧财富的重要一环。因此，每一个家庭成员都要身体力行，为家庭亲情的养育和滋润添砖加瓦。

在现实社会中，为了一点利益，家庭或家族成员之间形同陌人、六亲不认的案例时有发生。有的为争夺家财，不惜拳脚相对，头破血流；有的甚至翻脸不认亲，对簿公堂。到头来，利益没有争到，亲情却付之东流；或者利益争到手了，亲情被无情葬送了，实在是可悲可叹。

诚然，亲情一般属于家庭成员之间的私人情感。如果家庭中的某一个成员违反了国家的法律，或者损害了民族大义，这时候亲情将受到前所未有的考验，关键时候必须作出正确的抉择。所谓的大义灭亲，就是这个意思。

平安——长安方能久富

对于每一个家庭来说，平安是福，也是宝贵的财富，是家庭稳定与幸福的基石。平平安安的家庭，呈现着一种宁静、安逸、祥和的气息，每个人的脸上洋溢着无忧无虑的笑容，生活像汩汩流淌的溪水，虽波澜不惊，但生动鲜活。

这里所说的平安是多维度的。首先，是家庭的每一个成员都健健康康，生龙活虎地投入各自的角色，无论是外出闯荡的还是守家护院的，各得其所，形成互为坚强后盾的家庭经营格局，不用为某一个家庭成员的身体而日日牵挂、时时担心。一个家庭的财富流失，最大一块是被病魔纠缠，常年吃药就医。这不仅耗费了大量的钱财，而且使家庭成员必须腾出时间和精力，对生病的成员进行护理和照顾，影响了正常的学业、事业，影响了家庭的财富创造和积累。因此，家庭的平安无事，首先是每一个成员身体健康、无疾无痛。

平安的第二个维度，就是家庭的每一个成员都出入平安，而且每天如此。既没遭遇盗贼，也没有遭遇意料之外的天灾人祸，一切都如心愿，吉祥如意。

家庭的平安并非老天的恩赐，而是家庭的每一个成员对生活心怀敬畏和感恩，用每时每刻的努力争取来的。首先，要做一个正直的人，不做违法乱纪的事情，不做坑蒙拐骗的恶行，诚实守信，让所从事的事业光明正大，让所挣的钱财干干净净。心头无闲事，不怕鬼敲门。

另外，家庭的陈设，包括电器设施、桌椅厨柜都要确保安全、环保，杜绝安全隐患，确保安全系数。尤其是对孩子要特别关照，要给予他们必要的安全知识教育，让他们的行为绝对避免触碰安全风险。出门无论开车坐车，还是骑行走路，都要自觉遵守交通法规；外出旅游等活动，都要遵守相关的管理规定，不能图一时之痛快，应确保行为合规安全。假如遇上一些突发事件，如果能以钱化灾，要毫不犹疑出手，避免更多纠缠，引发人命事故。钱与生命相比，钱不值一谈。

要保持家庭的平安，与左邻右舍搞好关系也很重要。这是平安的一大因素。遇突发事件和某种困难时，如果能得到邻居的帮助和照应，也是一种修来的福分。

总之，平安是家庭兴旺发达的必要条件，它涵盖了从物质安全到情感支持、从身体健康到经济繁荣、从个人发展到社会责任的多个层面。

通过确保家庭平安，家庭成员可以在各个方面实现自己的潜能，共同促进家庭的长期繁荣和幸福。

长安方能久富。

管理——也是在创造财富

家庭是社会的细胞，正是这无数个健康的家庭细胞，才集合成了一个健康向上、蓬勃发展的社会。俗话说"麻雀虽小，五脏俱全"，家庭不仅有柴米油盐，还有衣食住行；不仅有新陈代谢，也有生老病死；不仅有每天日常生活的安排，还有面对突发事件的处置。家庭管理事关家庭的物质生活和精神文化生活的质量，事关家庭的安宁幸福和长远发展。因此，家庭的管理既是每个家庭必须要做的功课，也是一门科学。

在现代社会中，家庭呈小型化趋势，特别是在城市里，一般都是两代人一起居住，三世同堂、四世同堂已经很少见。家庭虽小型化，但并不意味着家庭就不需要管理了。恰恰相反，随着社会生存竞争的日益激烈，其触角已经伸向了家庭。家庭的实力和管理能力直接影响到家庭的社会地位和信用，直接影响到家庭成员在外的从政从商从学的前途。因此，家庭的管理显得尤为重要。

管理也是一种创造和积累财富的过程。家庭管理首先要使家庭成员养成良好的生活习惯，不但在生活起居方面保持干净整洁，而且在日常收支方面注意开源节流，养成节俭的风气，拒绝奢靡，杜绝浪费，量入为出，细水长流。对于家庭的日常开支都要心中有数，对于购房、购车等家庭重大事项安排，都要反复权衡，量力而行。不要盲目地为追求时尚和追求豪阔而超前消费、过度借贷消费，以免陷入巨额债务陷阱，重创家庭元气。

要鼓励家庭的每一个成员通过自身的努力，实现自我成长、自我发展。家庭应该为家庭成员的成长和发展给予鼓励和帮助，并提供财力上最大可能的支持。

　　管理还涉及对家庭成员的管理。对于老人，要做好赡养和照顾生活的安排；对于孩子，要做好家庭教育和接受学校教育的安排；对于家长自己，也要做好家庭与事业、身体与工作之间的统筹安排，争取最佳的状态和效果。

　　管理不仅要满足家庭成员的物质生活需求，而且要满足家庭成员的精神文化的需求。也就是说，不仅要吃饱穿暖，而且要精神愉悦。既要有营养均衡丰富的一日三餐，也要有丰富多彩的文化精神生活，比如：阅读、健身、旅游以及其他文娱活动。丰富多彩的生活，会在无形中滋养家庭成员的精气神，无形中熏陶家庭成员的修养气质。

　　除了家庭内部的管理，还有家庭对外的管理，主要是处理家庭在运行过程中与外界打交道、办交涉的方面，比如涉及银行、保险、学校、医院等等。这些交涉，应该从信誉出发，按照相关法规和政策行事，不要做违法的事情，应该在处理的过程中，不断为家庭累积信誉。累积信誉，就是在累积财富。

　　一个家庭，是精于管理还是疏于管理，其家庭所呈现的面貌完全不同。精于管理的家庭，各个方面都会呈现出井井有条、忙而有序；而疏于管理的家庭往往处处杂乱无章，有时候找一样东西都感到困难，不仅消耗了时间，而且影响了心情，有时甚至还误了大事。精于管理的家庭量入为出，细水长流，家庭生活始终处于健康稳定的状态；而疏于管理的家庭则可能陷于入不敷出、穷于应付的窘境，即便当前的经济状况还能应付，但整个家庭的趋势是在走下坡路。精于管理的家庭总呈现出欣欣向荣、蒸蒸日上的气象；而疏于管理的家庭则常漏洞百出、败象日增。因此，每一个家庭在向上发展的过程中，在创造和积累财富的过程中，不能不重视家庭的管理。

　　以上简要地列出了家庭智慧财富组方的主要子项，当然并没有囊括家庭智慧财富体系的全部子项。如果我们的家庭能够在上述方面投注精力和心力，不断地为家庭的财富大厦添砖加瓦，那么成为名副其实的富豪之家，也许只是时间问题。当然，这种投入和用心，不是一时一事的，而是日积月累甚至是一辈子的事情，也可能是几代人的接续努力。

当我们审视家庭财富创造和积累的现实时，可以惊讶地发现，就一般的家庭而言，都偏重于物质财富的积攒，对精神财富的积累有所轻视，在物质生活光鲜亮丽的背后，是精神财富的相形见绌。家庭生活的不和谐、不协调、不完美，成为一个值得反思和亟待重视的问题。

在经营家庭的过程中，引入智慧财富的理念，构建每一个家庭独有的智慧财富体系，应该成为家庭成员特别是家长的头等大事。构建家庭智慧财富体系，并不是一个听起来有些玄乎的话题，而是每一个家庭都要积极面对的问题。

构建家庭智慧财富体系，就是给了家庭的未来发展一个量身定制的规划，并付诸实施。家庭智慧财富的规划，不仅以此来激励家庭成员创富的积极性，而且为家庭的兴旺发达给出了一个明确的路径和目标。让家庭所有成员的每一天都在为这一目标的达成而全力以赴地投入到财富的创造之中。

家庭智慧财富的组方也不是一成不变的，应该根据家庭发展和财富积累的实际进展进行调整完善，让家庭智慧财富的各个子项都处在均衡、丰盈的健康状态，让物质财富与精神财富的创造和积累都处在齐头并进之中。

家庭的状态也不是一成不变的，子女长大成人后谈婚论嫁，组成新的家庭。新的家庭不仅继承了原有家庭的智慧财富，又在此基础上开始了以新的家庭为单位的智慧财富规划和创造。这一代接一代的繁衍生息、财富创造和积累，就是一个家族的创富史、兴盛史。

可以说，每一个家庭都希望成为富豪之家，让家庭的每一个成员、让子孙后代都能够享受到智慧财富带来的自由、幸福和美满，但财富不会从天上掉下来，它只会在心血、汗水和智慧的浇灌下长出来。

企业智慧财富组方

致力于智慧财富的创造与累积，是企业百年常青的秘诀。

使命——动力、方向与价值观

企业的使命决定着企业的作为，决定着企业的状态，决定着企业的未来。

企业不是慈善机构，经营的目的是赚钱，因此，多少年来，企业"以效益为中心"成了一个天经地义的不变信条。但这一切也正在悄悄地改变着。随着知识经济向智慧经济递进的脚步，企业的理念、宗旨和价值观亦在同步地发生着深刻的变化，企业有了全新的眼界和更为宽广的胸襟。

赚钱不再是企业的唯一目的，为人类服务、满足人类生活所需、提高人类的物质文化生活水平，成为智慧型企业的崇高使命。其实并没有人强制性要求企业这么做，这完全是出于企业的自觉。因为在以人为本的智慧经济大环境下，只有把自己的行为与社会的需求紧密地联系起来，企业才有活路，才有光明的前景。

基于为人类服务、满足人类所需的企业使命和终极目标，企业的行为将是诚信的。企业信守自己的承诺，在采购、生产、销售和服务的所有环节，不会偷工减料，不会以次充好，产品是百分之百的放心产品，服务是百分之百的贴心服务。

第二部分 财富篇——价值无限的智慧组合

基于为人类服务、满足人类所需的企业使命和终极目标，企业之间的合作变得前所未有地愉快起来，相互间提供最真诚的帮助与支持，提供最有用的资讯与服务。这样一来，企业并没有失去什么，而是带来了共同的进步，真正实现了合作双赢。

基于为人类服务、满足人类所需的企业使命和终极目标，企业不再有只顾眼前利益的短期行为，而是着眼于未来的发展。企业从满足人类生活所需为出发点，投入巨大的人力、物力和财力，研究新工艺，开发新产品，提供新服务，满足新需求，更以前瞻性的视野发现人类生活的潜在需求，从物质、文化和精神需求的所有可能方面，做好领先一步的筹划，做好先人一步的开发，使企业始终充满着成长潜力和发展活力。

基于为人类服务、满足人类所需的企业使命和终极目标，企业具有高度的责任担当，乐施好为，不断地以各种方式回报和反哺社会。为社会服务永远是第一位的，赚钱永远是第二位的，因而企业具有越来越高的知名度和越来越广泛的美誉度。

人类的需求无限，企业的发展无限。企业全身心地为人类的生活服务，理所当然地会受到社会的尊敬，受到人们的青睐。企业的产品将广受欢迎，企业的服务也广受褒奖。企业不仅实现了自身的价值，而且从利益的角度上说，企业并没有吃亏。从企业的经营行为表面看来，不着一个"钱"字，但财富还是追随着企业诚信的足迹滚滚而来。这就是钱的特性，越是大方一点，愿意付出得越多，回报也就越多。

这似乎成了企业成长与发展的良性循环。企业的崇高价值观决定了企业的良好行为，良好的行为带来企业的良好声誉，良好的声誉提高产品的市场知名度，市场知名度提升产品的市场占有和市场销售量，市场的销售量提升企业的效益。事物从来都是因果报应的，企业也不例外。

崇高的企业使命引导着崇高的企业行为，崇高的企业行为保持着企业的青春活力，促进企业的持续发展。毫无疑问，在企业的排名榜上，名列前茅的企业肯定是那些有着崇高使命并一以贯之、为之努力践行的伟大企业。它们不仅是众望所归的企业航母，更是令人敬仰的行业标杆。这样的企业有大使命，因而有大格局、大视野、大智慧、大发展、大成功。

我们也可以这样认为，一个企业要想得到更好的发展，首先要为人类提供最好的产品和服务，这是企业的生存智慧。一个企业在全身心为人类提供产品和服务的时候，其实就是在为企业的生命不断地注入新的活力，因为这样的企业牢牢地根植于人类生活的土壤，汲取着取之不完、用之不尽的巨大能量，这样的企业才能百年常青。

我们也可以反过来这样说，一个企业如果见钱眼开、唯利是图、格局狭小、眼光短浅、行为猥琐，那只能是赚一次钱就少一次机会；赚一次钱就少一个合作伙伴。这肯定是一个长不大的企业，或者是短命的企业，即使可能一时膨胀成疯，但最后都没有什么好声誉、没有什么好结果。在未来的经济天地中，根本就没有这些企业存活的土壤和气候。

愿景——激励、目标与理想

企业愿景，是企业的初始愿望和未来图景，是企业的一个梦想。愿景不是抽象的使命和价值观，而是对使命和价值观的具体诠释和立体勾画。它一定是由企业创始人与他的核心团队共同描画而成的，代表了企业家的使命和信仰，是这些企业领导者对企业未来的宏观设计。

企业愿景是企业"将走向哪里"和"将成为什么"的持久性回答和庄严性承诺，涵盖了企业的长期愿望及未来状况，是企业发展的战略蓝图，体现着企业的永恒追求。也可以将企业愿景通俗地称之为关于企业的未来故事。

企业愿景是企业智慧财富体系的重要组成，是企业价值连城的无形

第二部分 财富篇——价值无限的智慧组合

资产。环视现实中所有的企业，其实都是有愿景的，只是有的清晰、有的模糊，有的宏大、有的微小。正因为如此，从企业愿景中，我们就可以粗线条地判断一个企业的未来作为和成长空间。愿景实际上就是企业自设的一个箱体，也是企业发展的最大边际，企业的实际发展都不可能超出自设的愿景边际。比如说，一个企业的愿景只是为赚一点钱来改善员工的待遇或者保障企业主家庭生活的幸福，那么完全可以想象这个企业将来会成为一个什么样的企业，这肯定是长不大、做不强的企业。又比如，一个企业的愿景是要让世界用上"中国造"，那这就是一个宏大的愿景，它以世界为视野，描画出企业所要追求的目标，从而对企业的行为形成持续的鼓舞和激励。阿里巴巴之所以能成为世界级的互联网企业，当然有它对时代的趋势性把握和各种成功的因素，但有一点也是很重要的原因，就是其创始人在企业处于初创迷茫之时，为企业描绘的近乎神话一般的企业愿景，才有人为其愿景所激动而放弃了国外的百万年薪，宁愿只拿每月数百元的工资，跟他一起为这个愿景或者说企业的梦想而打拼，才有了阿里巴巴核心团队的形成。像阿里巴巴这样的例子还有很多，都是企业的创始人在一无所有的时候，依据自己的价值观和使命，跟随时代的趋势和未来的可能性，率先提出一个用于激励自己又激励员工的企业梦想。

对于一个企业（或者在初创中的企业）来说，愿景不是可有可无的东西，它是必须有的一个企业梦想。如果连想都不敢想，怎么会有魄力和勇气去做呢？凡是梦想，可能实现、也可能实现不了，但一旦实现了呢？人类因梦想而伟大，同样，企业也因梦想而强大。一百多年前，美国杰出的汽车工程师与企业家亨利·福特说他的愿景是"使每一个人都拥有一辆汽车"时，大家都以为他得了神经病，在说着胡话。但后来的发展证明，他的梦想已经完全实现，亨利·福特因此被誉为"二十世纪最伟大的企业家"。确实如此，愿景是企业家以超越常人的视野，描绘出心中的梦想和未来的图景。一旦周围的人或者员工，被伟大的愿景所打动、所感染，就会迸发出超乎想象的激情和凝聚力，形动一股大潮般的磅礴力量，向这个梦想发起不计挫折和失败的进击，直到变成美好的现实。而在最初的愿景被实现的那一天起，企业又将开始勾画新的愿景，并为新的愿景实现再次出发。

诚然，勾画企业愿景不是凭一时之兴，也不是信口开河，而是企业创始人或核心团队对即将运作企业的一个科学设计和前瞻性思考。这种融设计和思考所产生的愿景，一定是现实主义和浪漫主义相结合的产物，是基于企业家现实和企业实际出发，又考量了行业和领域的现状趋势，以及时代的发展方向，同时结合实现的可能性，而作出的一个既感性又理性的粗线条的未来目标。它要有鼓舞人心的一面，又要有令人信服的一面。只有这样，企业的愿景才能持久地激励着企业家、团队、全体员工、投资者和合作伙伴一起，为之打拼、为之奋斗。

企业愿景是企业的一个未来方向和远景目标，不仅需要得到企业战略的支撑，而且需要得到发展规划和定期计划的具体化丰富和实实在在的落地。也就是说，要将企业的愿景分解成可以逐步实现的一个一个的目标，以此来衡量愿景的实现程度和实现可能性。

企业愿景也不是一经提出就不再变动的，恰恰相反，是要在企业的发展过程中不断地加以观照和检点的。一般而言，愿景会随着企业的发展壮大而越发宏大起来，因为通常企业在发展中会有更宽广的视野和参照体，也会有更大的情怀和责任感，初始的愿景已经不足以激励企业，不足以满足企业更高的使命。正如一个孩童，在成长为青年时，原来的衣衫已经不够包裹他的身躯，一定要重新穿上大小合适的衣服，与此一样，随着不断发展，企业必须有一个从内而外、脱胎换骨的变化了。这个变化的要求，就是要再建立一个新的愿景。

第二部分　财富篇——价值无限的智慧组合

团队——核心、互补与合力

当我们要完成一项伟大的事业时，一支自愿组成的、愿意为共同目标和价值观一致行动的优秀团队，是此项事业能否实现的决定性因素。企业也是如此。因此，我们在论述企业智慧财富的时候，很自然地要将团队列为企业的重要财富之一。因为，任何时候、任何事情，人都是决定性的因素。

"团队"的概念，据说是1994年，由美国著名的管理学教授斯蒂芬·罗宾斯首次提出来的。他认为，团队是"为了实现某一目标而由相互协作的个体所组成的正式群体"，随后，有关团队的研究和运用就开始风靡起来，在管理学的范畴内，形成了许多有关团队以及团队建设的观点。这些理论上的探讨和总结，绝大部分都是在企业实践中总结出来的，并为更多的管理实践所验证，都是十分有益、可供借鉴的。这里我不想一一列举其中的观点，我只是想把自己的一些想法和建议提出来，以供参考。

俗话说"捆绑不成夫妻"，团队亦如此。团队的形成和创立，团队成员的加入，不应是被迫的，要完全建立在自愿基础之上。唯有自觉自愿的合作，并付诸行动，才会产生强大而且持久的力量。对于团队来说，自愿是前提。《三国演义》中的桃园三结义，刘备、关羽、张飞就是，他们是为匡扶汉室而自愿组成的团队。尽管是结拜兄弟，但是具有了组建团队的性质。

团队一定是为一个共同的目标而诞生的，如果没有共同的目标，就失去了团队存在的意义。而且，这个共同的目标是不是代表了许多人的共同愿望，也决定了这个团队是否可以不断地发展壮大。中国共产党就是为实现伟大理想和共同目标而建立的伟大团队，而且这个团队所怀有的伟大理想和共同目标，代表了最广大人民群众的共同愿望和根本利益。正因为如此，中国共产党才会由十几人的团队，不断地发展壮大为拥有九千万党员的执政党。这是迄今为止，世界上无与伦比的最伟大最成功的团队典范。

诚然，尽管团队成员是自愿加入，但并不要求成员是同一副面孔。恰恰相反，真正优秀卓越的团队，正应是一支各有所长、优势互补的团队。因为要达成一个共同的事业，或者要做大做强一个企业，不仅需要具有远见卓识的战略家，而且需要能够将战略执行落地的操盘手；不仅需要营销高手，而且需要管理专才；不仅须有主内的后勤保障，而且须有对外的公关交际。正如刘邦的团队，有战必胜、攻必破的韩信，有运筹帷幄之中、决胜千里之外的张良，也有镇国家、抚百姓、给饷馈、不绝粮道的萧何……因此，互补性是团队组成和建设的一个重要原则。这里还可以举一个很好的例子：《西游记》里的唐僧、孙悟空、猪八戒和沙和尚，每个人都有不同的个性和特长，正是这样一种堪称完美的互补，才使这一支看起来弱小的团队，历经了千难万险，完成了西方取经的大业。

尽管是自愿建立起来的团队，但并不是一盘散沙，也不可以随心所欲的，而是有规则可循的，需要有约束力的。只有在法则规矩的约束下，大家才能形成步调一致的行动，才会产生劲往一处使的合力。要不然，我行我素、你行你素，那就不是团队，而是江湖中的团伙，与团队完全不在层次、不是一个性质，这是办不成大事，成不了气候的。如果你去拜读一下《中国共产党章程》，你就会知道中国共产党这个九千万人超大规模的团队是怎么炼成的；如果你去拜读一下华为集团的《基本法》，你就会知道这个伟大企业的团队是怎么炼成的。

企业的团队有法则规矩的约束，但也不是不需要团队成员的不同个性和不同意见，恰恰相反，团队不主张一言堂或一团和气，而是和而不同，在不同观点、不同思想的碰撞中产生共同的行动纲领和激发步调一致的高效行动。团队尊重每一个人的观点，但这并不妨碍团队在统一意志下的一致行动。有时，必要的良性"冲突"反而体现了团队的生命力。中国共产党的民主集中制是在长期的建设和发展中形成的最有效的基本制度，展现了无比强大的生命力，企业的团队建设完全可以向党的组织建设学习和借鉴。

卓越团队的形成不是一朝一夕的事情，需要在长期的合作共事中逐步地磨合、匹配而成。这个过程也是相互尊重、相互认同的过程。要打造一个团队，既要有共同的目标，更要有相互的信任和尊重。如果互不信任、相互猜疑，是无法在一起共事的，散伙是迟早的事。只有相互信任，才能有凝聚力。

团队不仅要相互尊重和信任，更要相互学习、共同提高。笔者认为，真正卓越的团队，一定是一个相互欣赏、相互学习的团队。每个成员都各有所长，也各有所短，要把各自的所长在团队里最大限度地发挥出来，把各自的所短通过不断的学习包括相互学习来克服、来拉长。这个过程就是团队不断优秀不断卓越的过程。如果哪一天团队的学习停止了，团队的成长也就停止了。团队如果有存在的意义和价值、有共同的理想和目标，那就一天也不能停止学习。

需要强调的是，即使是相互尊重、相互信任的团队，也一定要有而且必须有团队的核心人物。这个核心人物是团队的主心骨，是旗手，是灵魂。他可能是企业的创始人，也可能是企业的董事长、总经理。这个核心一定要有。核心人物的作用不可低估，他会起到一个引领企业方向、凝聚企业人心、塑造企业文化的不可替代的作用。在现实中，一个企业的卓越伟大，往往是因为这个企业核心人物非凡优秀。一只羊不能率领一群狮子，只有一头狮子才能率领一群羊，"兵熊熊一个，将熊熊一窝"，就是这个道理。

总之，团队是企业的核心财富，拥有一支卓越的团队，将会使企业的事业不断发展壮大，企业的财富将不断地增长雄厚。

品牌——无形资产、知名度与影响力

品牌是企业的无形资产，在企业的智慧财富总量中占有重要的份额。在这一点的认知上，凡是做企业的，对此都应该没有疑义。

关于品牌的定义，在营销学的各种学术著作中的表述大同小异，认为品牌是指消费者对产品及产品系列的认知程度。广义的"品牌"是具有经济价值的无形资产，用抽象化的、特有的、能识别的心智概念来表现其差异性，从而在人们的意识当中占据一定位置的综合反映。狭义的"品牌"是一种拥有对内对外两面性的"标准"或"规则"，是通过对理念、行为、视觉、听觉四方面进行标准化、规则化，使之具备特有性、价值性、长期性、认知性的一种识别系统总称。

品牌是给拥有者带来溢价、产生增值的一种无形的资产。同样的产品，同样质量，有没有品牌，其价格可能相差几倍、几十倍，甚至上百倍。这种情况并不少见，特别是在假冒伪劣充数市场的情况下，更显出品牌的价值。当我们购买一样商品时，都会习惯地想到品牌，因为这时候品牌不仅代表产品的品质，而且代表着一种品位，更代表着消费者的一种文化认同。"因为品牌，所以放心"，在现实生活中，相当比例的消费者，非品牌不买，就说明了这一点。

一个成功的企业，不能没有自己的品牌、不能不创建品牌。因为企业要做大做强，就要让自己产品卖得出去，要想产品卖得出去，首先要让市场和消费者知道你的产品，记住你的产品，信任你的产品。要做到这一点，就要在你的产品上打上一个市场上独一无二的标记，比如注册的商标就是，让消费者在浩瀚的商品海洋中，能够一眼认得并找出你的

第二部分 财富篇——价值无限的智慧组合

产品。因此,创建属于自己企业产品的品牌,就要如孩子的爸妈给自己孩子起个大名一样加以重视,这个名字不仅需好听、叫得响,还要有丰富的寓意和内涵。

诚然,品牌不仅仅限于产品,企业本身也是一个品牌。企业本身的品牌是企业文化的集中反映,它承载了企业的价值观、愿景、使命、宗旨和对市场及消费者的承诺。例如,"华为"品牌,就不仅仅是华为手机,更是代表了华为企业。我们对"华为"品牌的信任和尊重,不仅仅是对华为手机的信任,更是对华为企业的尊重。

品牌的创立不是一日之功,而是伴随着企业的不断发展壮大而同步地塑造成型,不断地增色添彩,使之日渐成为社会、市场和消费者心目中的良好记忆和口口相传的良好口碑。这个品牌创立和提升的过程,也是企业智慧财富的创造和积累的过程。我们虽然不可能像利润、销售额一样地用数据按月、按季、按年统计出来,但可以从市场的占有份额、知名度、美誉度中评估出来。你看"茅台""五粮液"等全国著名品牌,其潜在的品牌价值都在百亿级千亿级的。

品牌不仅仅是由独一无二的名称、名词、符号、象征、设计或它们的组合构成的,更重要的是,品牌承载了企业的文化、良心、名誉、智慧和承诺。从一个企业对待品牌的重视程度,就可以知道这个企业的品位及其发展前途。凡是把企业的品牌当作企业的第二生命、像命根子一样爱护的企业,都是有希望的企业;凡是把品牌不当一回事的,最终都是没出息的企业,都是预后较差的企业。对品牌的重视,不仅要看这个企业为品牌的建设投入多少资金、打了多少广告,更要看这个企业是如何对待自己产品的。就像一个孩子,只有好听的名字还不够,还要有培养和教育,让他成为一个心智日趋成熟的好孩子,才是对他最好的重视。如果海尔没有当年怒砸质量不合格的冰箱,能有今天这样的品牌价值和知名度吗?

品牌的创建是一项系统工程，不仅需要激情、智慧与信念，更需要一个长远的战略支撑。如果要让企业的品牌逐步地羽翼渐丰，由丑小鸭蜕变成白天鹅，就要制定由品牌战略支撑的全方位品牌发展规划，然后要有专门的部门来慎始善终地执行和推动。当然，还有很重要的一点——品牌的管理和维护并非几个人或者一两个企业部门的事，品牌是企业的大事，不仅需要企业管理层的运筹推动，而且需要企业全员的关心支持。如果说品牌是一个生命的有机体，那么每一位员工就是企业品牌的一个个活跃的细胞，必须保证每一个细胞的健康良性才能保证品牌的品质和价值。

千万不能认为给一个产品起了一个名字，或者注册了一个商标，就是创建了品牌。这只是一个开端，就像万里长征才走完了第一步。品牌的创建与企业的生命是一样的，只要企业在，品牌的建设就永远在路上。只有这样，才能不断地提升品牌的知名度、美誉度、忠诚度，积累品牌资产，才能让品牌真正植根于广大消费者心中，牢牢地占领市场竞争的制高点，为企业创造巨大的潜在价值和不断扩展市场的占有份额。

创建一个品牌可能是十年之功，也可能是百年之功，但如果一个品牌在某一个细节或某一个产品上损害了品牌的信誉，失去了消费者的信任，品牌就会一文不值，或许企业也会一夜之间轰然倒塌。不是有一个奶粉品牌，因为在产品的检测中发现有害成分而使品牌瞬间倒下，企业顷刻破产的吗？还有一些本来很知名的企业、很知名的品牌，就是因为品牌的建设未能善始善终，导致品牌晚节不保，自我抹黑，最后销声匿迹，企业的无形资产重归于零。这些沉痛的教训也并不鲜见。

因此可以说，品牌是企业的第二生命，良好的品牌声誉是企业不断累积的无形财富，是企业立于不败之地的可靠保障。建立起牢固的品牌理念，并付诸日复一日的品牌建设行动，为企业积累比一时的盈利和销售更为重要的品牌价值吧！

有百年品牌，方有百年企业。

第二部分　财富篇——价值无限的智慧组合

战略——使命和愿景的实现路径

企业战略是在企业使命、价值观和愿景的引领下，解决企业要做什么、不做什么和怎么做的基本方略，是企业智慧、意志和决心的综合呈现。如果没有战略，企业与愿景、目标之间，只能永远像牛郎织女那样隔河相望，可望而不可及。而有了企业战略，加上企业的行动，所有的愿景目标才有了实现的可能。因此，企业的战略不是可有可无，而是非有不可。一个企业，如果战略是清晰的、科学的，并且带有前瞻性，那么这个企业的行动必然是理性的、高效的；如果战略是模糊的或者是错误的，那么这个企业就很可能因为盲动而误入歧途，或者遭受失败。因此，企业开始运作之前，必须知道要做什么、如何做，也就是说必须要有战略。

战略既是为愿景目标服务的，是服从于使命、价值观的，又是为企业的未来行动确定基本路径的，因此，企业的战略又可分为拓展型（激进型）战略、稳健型（守成型）战略和紧缩型（撤退型）战略。拓展型战略一般都在企业的初创期、成长期，具有攻城略地、无坚不摧的勇气和胆魄。拓展型战略也不只是一个模式，有的采取扇面状、有的采取线性状、有的采取点上开花等等。稳健型战略具有进可攻退可守的攻防兼备、稳扎稳打的特点；而紧缩型战略一般采取边打边撤、决不纠缠的方针，力争全身而退，另图东山再起。不管采取哪一种战略方针，都是在企业愿景和价值观的引领下，围绕企业目标，根据面临的内外环境而做出的积极筹划，是对天时、地利、人和的顺势而为和最佳利用。只有这样的战略，才能为企业的长远发展和百年兴盛提供强有力的韬略支撑。

企业战略是对企业各种战略的统称，在总体战略下，还可分为发展战略、品牌战略、营销战略、技术创新战略、人才开发战略等等。具体到某一个企业，则要根据企业发展的实际来制定，不求其全，而求其必须。

企业战略与策略不同，一般而言，企业战略是管长期性、总体性、基本性问题的方略，策略是带有战术层面的应对措施。市场营销学对企业战略的定义是：企业在市场经济竞争激烈的环境中，在总结历史经验、调查现状、预测未来的基础上，为谋求生存和发展而做出的长远性、全局性的谋划或方案。因此，战略的制定是企业的重大议题，不是一两个人或几个人闭门造车的结果，也不是拍脑袋、拍胸脯的事情，更不是随性臆想的结果。它是一个严肃的调查、分析、咨询、论证、优选和确认的过程，也是一个痛苦而艰难抉择的过程。这个过程越是科学越是精细，所制定的战略就越正确，越能起到磨刀不挡工的作用。影响和决定战略制定走向的主要有三个方面的因素——企业使命、价值观和愿景，企业面临的内外部环境，企业自身状况。在制定战略的过程中，要充分地评估和把握这三个方面对战略制定的影响程度和性质。

诚然，战略一经制定就要落地生根、付诸行动，没有行动的战略，就是空中楼阁、镜中之花。但战略也不是一劳永逸的，也需要在推进实施的过程中根据变化了的内外环境和企业的综合条件作出调整、补充和完善，以使战略为企业的发展铺展开正确的轨道，让企业永远立于不败之地。

战略既然是管长期性、总体性、基本性问题的，那么战略制定确认以后，为执行战略到位的各种具体策略举措也要同步跟上，这是关系到战略能否真正执行到位的一个重要参数。具体的策略举措一定要从实从细，不能用一些名词术语来搪塞和装饰，最好要有具体的数字和可度量的指标体系。同时这也不应是放在抽屉里的文件，而应通过适当的渠道和途径让企业全员都知晓，使之达成战略执行的自觉行动，形成上下同欲的战略推进局面。

第二部分　财富篇——价值无限的智慧组合

企业是自己的，战略也是自己的，是各有其个性的。他人企业的战略再好，也不要做"拿来主义"的照搬照抄。他人企业的战略可能见证了他人企业的成功，但未必能帮助你达到同样的成功。目标在前，道路是要自己走出来的，这一点要切记。现实中不乏一味模仿别人的战略而导致不该有的失败例子，例如，有的企业实施多元化经营战略，在多个领域和行业斩获成功，而有的企业仿而效之却输得很惨。同样把鸡蛋放在不同的篮子里，或者放在同一个篮子里，有的成功、有的失败，这究竟为什么呢？就在于同样的方法，不适用于不同的企业。只有走自己的路，才能一步步接近目的地。当企业制定和实施的战略使竞争对手不能复制或因成本太高而无法模仿时，你就获得了竞争优势。只有当竞争对手模仿其战略的努力停止或失败后，一个组织才能确信其战略产生了一个或多个有用的竞争优势。成功的企业战略再加上有效实施，就变成了企业的战略竞争力。战略竞争力就是企业的潜在财富。

既然战略是与使命、愿景同样权重的企业重大议题，那么在企业战略制定的过程中，企业的高层特别是企业的主要领导人，要发挥主导性、决定性的作用，全过程全身心地投入其中，在关键的时刻，在科学论证的基础上，能够一锤定音、果断拍板。同时要明白，企业战略必然会经历一个为之持续、长久的奋斗过程，制定的战略通常不能朝夕令改，应该具有长期的稳定性。

诚然，我们说战略的长期性、稳定性，也不是绝对教条、一成不变的，也必须清醒地意识到，战略再好，其竞争优势也不是能够永久保持的，而是要在跌宕起伏的市场挑战中接受考验。要建立起一个战略制定、执行的审察纠偏机制，定期或不定期地对企业的战略进行问诊把脉，以此保持战略的正确性和可执行性，进而保证企业永远行进在一个正确的轨道上。我们可以引进咨询公司或咨询专家来为企业的战略制定提供智力支持，也可以引入云计算、大数据等最新的科学技术来参与战略的制定和完善，尽可能将企业战略建模以直观的方式呈现，使企业战略不是高大上的摆设，而是如同战役中的态势图和作战沙盘一样实用有效，让企业态势即时呈现。

文化——情怀、归属感与凝聚力

企业文化是企业智慧财富的重要组成。对企业文化，有各种表述，一般来说，企业文化包括企业愿景、文化观念、价值观念、企业精神、道德规范、行为准则、历史传统、企业制度、文化环境、企业产品等，是企业在运作的过程中所创造的、具有该企业特色的精神财富和形成的物质形态。也有人将企业文化表述为：企业在经营活动中形成的经营理念、经营目的、经营方针、价值观念、经营行为、社会责任、经营形象等的总和。企业文化是企业个性化的根本体现，它是企业生存、竞争和发展的灵魂。各种表述大同小异，都较好地诠释了企业文化的内涵和外延。

企业文化的呈现，大致分为由外而内的三个层面：一是企业外貌、环境和产品外观包装等，这是企业文化的肌肤，是直觉形象。二是企业规章制度、体制、模式及人际关系等，这是企业文化的五脏六腑，是体验感受。三是企业的使命、愿景、精神、宗旨、价值观、传统、群体意识和员工素质等等，这是企业文化的内核，是灵魂部分，是感悟印象。企业文化是企业由内而外散发出来的企业气质、精神、胸襟和情怀，是企业生命的重要体征，是推动企业发展的不竭动力。

正如每一片树叶是不同的，每一个企业的文化也是独特的。每家企业都有其独特的文化积淀，呈现鲜明的个性和特色，它包括与众不同的运营特色、管理风格和企业精神，等等。企业的文化不是凭空产生的，它根植于企业丰厚的土壤，依靠自身的积淀，并来自中华民族优秀文化的滋养，还来自对于其他优秀企业文化的学习借鉴。因此，真正有生命力的企业文化，是开放包容的，善于汲取所有能为企业文化养成的营养成分，这是企业文化相融性的特质。

从本质上说，企业文化是人的文化。因为人是企业的主体，企业文化必然是一种以人为本的文化，它最本质的内容就是强调人的理想、道德、价值观、行为规范在企业管理中的核心作用，强调在企业管理中要理解人、尊重人、关心人。注重人的全面发展，用愿景鼓舞人，用精神凝聚人，用机制激励人，用环境培育人。企业文化是一个有机的统一整体，人的发展和企业的发展密不可分，引导企业员工把个人奋斗目标融于企业发展的整体目标之中，追求企业的整体优势和整体意志的实现。企业文化不是一潭死水，而是流淌在企业机体内的鲜活血液和生命能量，它需要新陈代谢，需要吐故纳新，需要在伴随着企业发展的进程不断地再造与重塑，以使企业保持奋发向上的激情和持续奋斗的动力。

优秀的企业文化能极大地激发员工的使命感。如果一个企业的员工，由着对于企业文化的认同，能够自觉地意识到自己所肩负的使命和责任，而不仅仅是为薪酬和晋级而工作，那这个企业一定是充满活力和希望的企业。企业文化能凝聚员工的归属感。就像一个家庭，如果充满着爱、温暖和感恩，成员之间一定是和睦的，关系一定是融洽的，身心一定是愉悦的，整个家庭一定是兴旺发达的。企业文化的作用就是要让一群来自四面八方的人共同为实现一个伟大的愿景而自觉行动，就像为实现员工自己的梦想而奋斗一样。让每一个员工在自己的岗位上尽情地发挥聪明才智，建功立业，分享企业成长的喜悦，分享企业辉煌的荣耀。员工之所以热爱企业，愿意为自己的企业效力，往往不仅仅是薪酬，更重要的一个因素就是企业文化，就在于热爱企业的人文环境和管理氛围。因此，企业文化不是可有可无，也不是可要可不要，而是关系到企业的生存和发展与否，是天大的事。

企业文化是企业的精神面貌和机体形态。健康的或是病态的，积极的或是消极的，凭直觉就可以感觉出来。在企业的现实生态中，我们可以观察到不同企业文化的呈现风格：充满活力的企业文化一定是高扬崇高价值观的旗帜，善于将企业的愿景变为员工的自觉追求，追新求变，顺应时代大势，有挑战性的企业目标，上下同欲，沟通良好，氛围融洽，整个企业富有激情和朝气。死水一潭的企业文化一定是无明确的价值观，喜好急功近利，追求眼前利益，企业无远大目标，员工无奋斗激情，为了薪酬而工作，效率低下，行动拖沓。刻板一块的企业文化一定是高层官僚主义、中层形式主义、下层教条主义，处处循规蹈矩，刻舟求剑，抱残守缺，不思变革，思想僵化。

企业的衰败往往从企业文化的衰败开始，但这一迹象只有通过细微的感知和观察才能捕捉到。一般地说，当一个企业走下坡路时，从企业的业绩上似乎不能清晰地分辨出来，或许业绩的箭头还在上升之中，企业的扩张还在实施之中，但在企业内部的各个层面，从员工的精神状态到整体效率，都有各种不易被觉察的消极表现，或焦虑，或懈怠，或走神。往往旁观者清，当局者迷。因此，作为企业的当家人，一定要对企业文化的现状保持敏感度，要时时从细枝末节中感知企业文化的健康状况，以便做出及时、适当的调整和完善，让企业文化永远保持健康向上的积极状态，为企业的良性发展提供精神支撑。

企业文化是不可能用数字来衡量的企业财富，但它的作用和贡献完全不在企业的利润和销售额之下。一个希望成就百年大业的企业，最要紧的倒不是快速地扩张或者最大化的盈利，而是用百年树人的精神去培育企业文化，这是强基固本的工作。可以说任何一个卓越的企业，都是结缘于优秀的企业文化。文化强则企业强，这是被客观现实一再验证的内在逻辑。

第二部分　财富篇——价值无限的智慧组合

技术——实力、潜力与竞争力

如果说，价值观是企业的灵魂，技术则可比喻为企业的双手。依靠这神奇灵巧的双手，就能制造出精美实用的产品。精美实用的产品，不仅可以满足社会的需求，也为企业带来盈利。从这个角度上，也可以说，技术是企业生蛋的母鸡。一个生产型企业，技术可以直接催生财富，但必须应用才能体现价值。

有一个关于技术的定义：一项技术是关于某一领域有效的科学（理论和研究方法）的全部，以及在该领域为实现公共或个体目标而解决设计问题的规则的全部。这里所说的技术，笔者把它通俗地归结为：工具设备、工艺流程、操作系统的全部（或者叫总和）。技术的先进与否，也决定了该企业产品的先进程度。先进的技术才能生产出先进的产品，只有先进的或者是独一无二的产品，才有市场的竞争力。比拼产品，首先比拼的就是生产产品的技术。

所有的生产型企业都会重视技术。重视技术，同时也必须从重视人才开始。没有人才，何来先进的技术？即使通过采购转让而来的技术，也需要有能够操作技术（设备）的员工。因此，产品的竞争实际上是技术的竞争，而技术的竞争，说到底还是人才的竞争。

正如一个人有独门绝技一样，企业同样需要有独门绝技。俗话说："一招鲜，吃遍天"，如何创造独门绝技呢？靠人，靠人的创新精神，靠企业的创造氛围和机制，其中包括重视程度、人才战略、激励措施、投入力度等等。只有在良好的创造氛围和机制下，人才的效能才能发挥到极致。

一个企业即使再有能耐、再有能量，也还不能单打独斗，仍要有对内整合，对外合作，共同开发技术，共享技术成果。因为，在社会化大生产、全球一体化的当下，任何把围墙圈起来的做法都是滑稽可笑的。

因此，只有在积极有益的对外合作中，才能不断地吸取最先进的技术精华，为我所用。当然，合作是互利的、共享的、互补的、有偿的。

诚然，每一个企业都有自己的技术机密，有的是受法律保护的专利发明，这是企业的看家本领，轻易不会示人。对专利发明，既要最大限度地加以利用，且要格外地加以保护。

进入互联网时代，高科技的应用日新月异。一个企业拥有的先进技术，不可能成为企业永远的生蛋鸡，因为技术淘汰的速度前所未有。要指望一门先进技术为企业创造长期的效益，那是一个近乎天真的童话。因此，企业的强大，依靠的不仅是现有技术的先进，更是对未来先进技术的开发应用。快人一步，抢得先机，抢占技术制高点，这是伟大企业的前瞻思维和强大的技术开发实力的专属席位。你要成就强大的企业，首先要在技术上跑出绝尘而去的加速度，甩出人家几条街才行。

企业要不断地转型升级，技术也要随之不断地更新换代。技术要不断地更新换代，开发新技术的能力也要不断地增强。这个技术开发能力的增强要靠企业的不断累积，不断吸纳，不断学习。永远不要停止创新，永远不要有高枕无忧的安逸。处身于这样一个瞬息万变的移动互联网时代，注定是马不停蹄的跑步，注定是夜以继日的攻关，注定是分秒必争的创新，否则就有被淘汰出局的可能。

当下的技术更新速度，与二三十年前的技术更新不已经可同日而语了。随着 AI 技术的崛起，整个社会将要进入一个人工智能时代，算力、算法、数据、模型等已经成为新质生产力的重要载体。企业技术已经插上信息化、智能化的翅膀，更接近人的思维和灵敏。人工操作正在以前所未有的速度被智能机器人所替代，设备和操作的智能化已经成为一种趋势，成为一种现实。每天都有黑天鹅式的最新技术惊艳亮相。先进的设备已经高度智能化，无所不能的机器人开始进入越来越多的制造领域和工作环境，智能识别、人机对话、无人操作，已经成为企业甚至于社会生活中的日常现象。因此，对于企业，创新的可能性很大，但领先的可能性很难。因为大模型、大数据、云计算、互联网的广泛应用，要让先进的技术关在象牙塔里已经越来越不可能。技术将越来越成为一种常识，为全社会所掌握。简单地说，技术不仅在企业中，似乎在生活的每一个角落，无形地支配着我们的生活。

在企业之间技术竞争的层面，大有强者恒强的特点，后来者要想追赶上来，已经非常不易，想要弯道超车的机会也是少之又少。因此，如果一个企业处在技术领先的地位，就要无比珍惜这种领先的优势，不断跑出加速度，不能有半点懈怠和自满。否则稍作停顿，就有可能被反超。而那些前有先兵、后有追兵的企业，更是一口气也松不得，一根弦也松不得。只有不断加大投入力度，采取不对称战略，或者另辟蹊径，以冷门爆出，以科技黑天鹅亮相，超越的机会还是有的。

一种技术不是一个独立的生命体，它必然是一个系统中的一部分，必然是一条链条上的一个环节。如果一种技术无法获得整个系统的支持，它就不可能发挥出应有的作用。因此，当拥有一种先进技术时，要保持足够的清醒和敬畏，要认识到从一种技术的输入到一个产品的完成或者一个流程的通畅，需要多少相关的技术或者系统来关照和支持。作为企业，一定要营造好先进技术得以运用的微生态，培育先进技术得以繁衍成长的良好环境。

最后，技术是人发明和开发出来的，重视技术必先重视人，重视人才的引进和培养，重视人才的利用和成长。这是技术赖以更新换代的决定性因素，也是技术得以领先的决定性依靠。如果要让企业做强大，或者保持强大，当然需要最先进的技术给予助力，但最要紧的还是人才！再复杂的技术也是人创造的，也是人来操作的，要想获得技术上的竞争优势，必须先取得人才上的竞争优势。只要拥有了智慧型的人才，任何人间奇迹都可以造出来。

治理——模式、机制与运作系统

　　企业的治理贯穿于企业生命的全过程。在某种意义上说，治理决定着企业的存续、发展、转型、升级，决定着企业的新陈代谢，左右着企业的生命周期。而经营模式、管理机制和运行系统是否科学、高效、创新，是衡量治理水平的关键因素。

　　经营模式决定了企业的日常运营方式。任何一个企业都有自己的经营模式。作为企业主，要认真地审视和检点自己企业的经营模式是否符合法律政策的许可，是否适应市场竞争的需求，是否具有盈利的能力，是否能够规避不必要的市场风险，是否具有成功复制的可能性，是否具备不断创新的自生长能力。

　　但凡成功的、不断做大做强的企业，都有一套适应自身特点又能较强地适应市场竞争的经营模式。特别是互联网时代的企业，经营模式正在不断地创新、升级、换代。谁独具远见，能预测到市场的未来走势和需求，做好以变应变的超前引领，谁就捷足先登、占据先机。有句话说："只要站在风口上，猪也可以飞起来"，这里主要指的是经营模式变化的先人一步、快人一拍。在信息化时代，还是抱着传统的僵化的经营模式不肯改变，那企业必死无疑。线上线下、直播带货、工厂直销、送货上门、先用后付、场景体验、品牌连锁、私人定制等等，经营模式千变万化，千姿百态。其目的就是在引领市场，引导客户，激发需求，激活消费。在这方面，有很多成功的案例可以进行借鉴，然后在此基础上进行创新发展。

　　一般来说，经营模式是对外适应的，管理机制则是对内适应的，是用来保障企业内部的生产、科研、营销、后勤等各个环节健康顺畅运行。管理机制同样要求科学高效。企业管理，说到底是人的管理。如何调动所有员工的积极性，如何让员工对企业有一个家的归属感，就要在管理机制上体现出人文关怀，体现出尊重和激励，体现出奖勤罚懒、多贡献者多获得，体现出相互配合、上下同心。

管理机制的有效落地，必定是企业规范和制度的有效执行和在执行中不断完善。这些规范和制度包括行为规范、业绩考核、薪酬管理、人事管理等多方面。这些规范和制度一定是企业量身定制的，一定要简明扼要，便于执行和考核。这些规范和制度不是一订了之，而是要动态地监督检查执行情况，定期和不定期地进行修订完善。对那些华而不实、无法落地的规范制度，要坚决地快刀斩乱麻，给予取缔。

企业是一个具有五脏六腑的生命体，一刻也不能停止新陈代谢、吐故纳新，因此必须要有一个强有力的运行系统来保证其生命的运行。企业的运行系统实际上涵盖了企业的模式和机制，它是企业治理的全链条，全方位表达了企业的生命状态。系统化的治理体系能够确保企业保持在稳定、健康、高效的状态，有效地整合企业资源，达成企业资源利用的最优化最大化。完整的治理系统可以规避企业的风险，确保企业的长盛不衰，永立不败之地。

总之，企业的治理对于企业的生存和发展至关重要。治理的过程也是一个财富创造的过程。成功的企业治理体系本身也是一笔无法用数字来衡量的无形资产。

以上对企业智慧财富体系中的若干子项作了一个简要的阐述，以使在规划构建企业智慧财富体系的时候有一个可供选择的参考路径。上面所列出的这些子项并非企业智慧财富体系的全部子项，而只是最主要的一部分。

如果某一个企业在上述方面都能够呈现出超强的一面，那么无疑，该企业一定是一家富有竞争力、创造力和适应力的伟大企业。这个肩负使命、怀抱愿景的企业，即使不以赚钱为目的，但财富还是会追随着企业不断做大做强的脚步滚滚涌来。

诚然，企业智慧财富体系不是一个现成的可以照搬照套的模子，而是每一个企业与众不同的独特体系。我们这里只是提供一些大致入门的路径和基本的组方，需要企业在操作制定的过程中，根据自身的目标期望和条件可能进行恰到好处地把握。不要不自量力地追求不可能达成的愿景和目标，要完全根据企业的实际来制定。

如果将智慧财富的理念引入企业，在企业中自觉地构建起适合自身特点的企业智慧财富体系，那么，情况就一定会发生出乎意料的变化。首先，企业的精气神就一下子提起来了。企业不再以赚钱为目标，有了更为崇高的使命和担当，格局、胸襟和视野都与以往不能同日而语了。全体员工也因此而受到鼓舞，员工会认识到，自己的奋斗不仅是在为老板赚钱、为自己挣到薪酬，更是在为整个社会做贡献。企业的氛围也会明显地得到改观，企业已经从铜钱眼里跳了出来，员工能开始自觉地维护企业的信誉，维护企业的品牌，员工团结互助合作蔚然成风，企业的整体素质不断地提高，员工队伍的素质和技能不断地提升，正因为如此，企业就会不断地向更强更大更有发展前景的方向迈进。

企业的智慧财富体系也是一个逐步完善、逐步提升的累积过程。比如一年之中，是以对外拓展为主还是以企业内部强基为主呢？是以赚取利润为主还是以追求技术更新为主呢？是以增添设备为主还是以培育企业文化为主呢？每一个子项在整个体系中的位置和分量都要有一个积极而审慎的考量，断不能添多求大，而应该脚踏实地，一步一步地达成企业的宏伟愿景。

应该说，只有量身定制构建的企业智慧财富体系，才可能为企业财富之梦提供助力，创造达成的前提条件，才能为企业百年兴盛打开广阔的前景，成就伟大的企业。

第二部分　财富篇——价值无限的智慧组合

智慧财富的百变之脸

每一个智慧财富体都有独一无二的面孔

传统财富观下的财富面孔,一般都是以一成不变的金钱的面容示人的,是刻板单一、缺少人情味和亲和力的。而智慧财富之脸却是另一副完全不同的容颜,因为有了智慧基因的注入,不仅面容秀丽、表情丰富,而且每一个智慧财富体都有着独一无二的颜面,正如世界上没有完全相同的两片树叶,世界上也找不到完全相同的两张智慧财富之脸。

每一个财富创造的主体,或个人、或家庭、或企业,都可以在自身财富价值观的引领下,创造出自己认为有价值的、适合自己的智慧财富体系。智慧财富就像自己亲生的孩子,总可以轻而易举地从其身上找到自身的价值观印记。

即使是同一个财富创造的主体,也会随着自己价值观的变化、随着自己目标追求的变化、随着时代的变化,打造与之相适应的财富之脸。比如,一个人在自己少年、青年、中年、老年的各个人生阶段,都有不同的价值取向、有不同的财富追求。在未成年时,主要是学习和积累知识;而到了青年、中年阶段,则主要是安家立业;而到了老年阶段,则主要是追求健康安逸。因此,人生不同的阶段,其智慧财富的组方是不同的,要根据不同的自身需求作出调整。这就使智慧财富呈现了完全不同的脸面,但这正是财富创造的主体所需要的、所追求的。

智慧财富 人人皆可成为新型富豪

智慧财富与传统财富的归宿有所不同。传统财富在创造的时候，可能就像初出炉的钢铁，带着热度和亢奋，但渐渐地会失去最初的热忱，或者叫信仰，而变得世俗起来、变得暮气沉沉、变得老态龙钟，其价值淹没在生命的唉声叹气之中，甚至变成了一种"累赘"。就像一则小品中所说的"钱没花完，人没了"或者"人还在，钱没了"。

而智慧财富因为得着智慧的引领，它一直保持着青春的容颜、焕发着青春的活力，一直跟随着财富的创造者，发挥着自身的价值，并为财富创造者和全社会带来愉悦和幸福。比如，在智慧财富的组方中，有财富创造者的一两项爱好，读书、唱歌、跳舞、摄影、园艺……诸如此类的智慧财富，并不会因为岁月的流逝而消失，而是跟随着主人的钟爱不断地丰富、提升。这种精神文化财富只会不断地增长，不会减少或者耗尽。

既然智慧财富有百变之脸的魔力，我们每个人、每个家庭就要发挥各自的想象力和创造力，设计自身智慧财富的未来图景，既要有与众不同的魅力，又要有自身追求的冲动。就像寻找自己心爱的恋人一样，将我们的全部情感和热忱毫无保留地投入进去，这是一个事关自己人生高度、宽度的自我设计，自我成长，是人生所有事情中最重要的事情。

你希望你的智慧财富之脸是什么模样呢？

你的财富你做主。这里没有强制性的标准可言，也没有必要去照搬照套别人的喜好，完全可以我行我素，完全可以随心所欲。有一句话说得好："活出不一样的自我，活出最好的自己。"智慧财富百变之脸的秉性，为我们财富的智慧创造打开了一个可以无限想象的空间，为我们提供了一个成为新型富豪的机会。

第二部分　财富篇——价值无限的智慧组合

　　在这样足够浩大的社会空间里，在这样一个人人平等的机会面前，也并不是每一个人都能把握得住，并不是每个人都能成为富豪。关键是智慧财富的创造主体要有内心的冲动（原始的欲望），还要有为创造财富而作的必要准备。这些准备有些是知识性的，有些是心理性的，有些是技能性的。正如一栋建筑，在图纸设计完成后，只有完美的施工，才能确保图纸的构想变为现实的图景。智慧财富的创造也是如此，设计一旦完成，创造便是一个锲而不舍、逐日精进的过程，要有一种使命感和神圣感，智慧财富就在那里，你必须以你的勤奋、坚毅、执着去拥有它。

　　智慧财富的百变之脸，或许不会一下子就设计得十分的完美和理想，你必须在创造的过程中，即时地关注它的生成和变化。对于那些不合时宜、或多余或漏缺的部分，应该及时作出修正完善。让你用心创造的财富作品成为你心中最理想的状态，让你的智慧财富具有社会认可的价值取向，让你的人生进入到一个更高的自我实现境界。

智慧财富的独特品性：可以超越人的生命周期

　　智慧财富的百变之脸，并不是说，它也有一个生老病死的生命周期、有从创造到消亡的必然过程。其实，智慧财富的独特品性是可以超越人的生命周期，可因其内在的价值支撑而长久地保存并鲜活着。比如《易经》《道德经》《黄帝内经》等等这些代表着中华民族博大精深的文化瑰宝，比如那些代表中国古代科技水平的四大发明，这些作为华夏儿女在文明进化中不断累积的智慧财富，可以逾越几千年的历史长河，依旧迸射出历久弥新的价值之光，依旧在为人类共同的理想而发挥跨越时代的贡献，或者烛照前程，或者洗涤心灵，或者滋养精神，或者鉴品世事。那些逾越岁月而依旧闪耀着价值之光的智慧财富，有很多实际上在

智慧财富 人人皆可成为新型富豪

一开始是属于个体的，而渐渐地随着光阴的流逝而蜕变成社会共有的财富，为全人类所共有，比如那些伟大的思想成果、那些伟大的发明创造，因其价值而显现着不朽的生命力。

每一个人、每一个家庭的智慧财富之脸，犹如花园里的百花一样，呈现出万紫千红的景象。我们身处的时代，是一个适宜创富适宜自由发展的伟大时代。智慧财富的多样性、丰富性，为社会价值取向的多样性带来了极大可能性。智慧财富的巨大涌现，将成为一个开创人类有史以来最为壮观的财富图景。在这里，社会的每一个成员在尽情品尝自己所创造的智慧财富带来的幸福甘甜的同时，同样可以尽情地品尝全社会的智慧财富大餐，人类的幸福生活也因此而迈入了一个全新的时代。

第三部分　创造篇

人人皆可成为新型富豪

每个人生来都是平等的，都有成为富豪的权利。不管你现在如何平凡，如何卑微，如何一无所有，都要对自己说：成为富豪，我可以！

但成为富豪，并不是一句誓言就能搞定的。你应该让自己成为一块海绵、一块磁石、一把火、一张犁，而且，从今天就开始！

生活即创富，学习即创富，工作即创富。其实，生命的每一分时光，都在创造价值，都在积累财富。

你的财富你做主。这是一个适宜创富、机会无限的新时代，让你的每一天，都处在财富创造的愉悦之中。

第三部分　创造篇——人人皆可成为新型富豪

智慧财富创造的 N 个特点

生活即创造

　　生活是由一个个精彩或者平凡的日子串联起来的，而正是这一段段白驹过隙般的匆匆光阴，见证了一个人出生、成长、成熟和成功的过程。人生的这个过程，本身就是智慧财富创造和积累的过程。因此，从智慧财富的理念出发，我们可以这样认为，生活即是智慧财富的创造。这也是智慧财富不同于传统财富创造的一个特点，因为财富的创造无缝地融入于日常生活之中。这似乎是有点令人费解的事情。不要紧，我们可以举一个小小的例子来说明一下。比如一个小孩子，有一天不需要妈妈来给他穿衣服，而是自己学会了穿衣服，对成年人来说这不值一提，但对于一个小孩子来讲，可以说是一大进步。从依赖于他人开始迈出了独立自理的一大步，这种进步是一种自理能力的发展，是走向独立生活的前奏曲。这种能力，我们把它归属于智慧财富的范畴。这种生活能力的获得，既是孩子成长中的一个小惊喜，也是这个孩子的智慧财富的一笔大收获。

　　由上面这个小例子，我们就会产生许多的联想，并且在眼前出现众多的生活画面，比如烧菜、整理家务、修理家具、接待朋友、唱歌、跳舞、睡觉、看书、跑步等等，我们都可以从不起眼、不经意的日常生活场景中，很快地感知到与智慧财富的联系，很快地找到与智慧财富创造相关的证据。这一发现，对于一个麻木于生活单调、枯燥、乏味中的人来说，可能是意外的惊喜。因为，他第一次领悟了智慧财富理念的神奇，第一次发现自己与财富是如此的零距离、频繁地接触，甚至密不可分，第一次感受到智慧创富并不是一件复杂的工程，反而是一件信手拈来的寻常事情。如果你用智慧财富的理念观照和引导自己的生活，那你的生活就会一下子变得敞亮起来，你也会觉得自己一下子变得富有起来。智慧财富的理念实在是一个神奇的东西，它可以让平淡无奇的生活成为值得自我欣赏且回味无穷的一抹风景、一道美餐。

但必须清楚，并不是所有的生活状态都是智慧财富创造的状态。如果你只是将生活看作是做一天和尚撞一天钟，如果将生活作为一种生命的挥霍，染上恶习，拖沓，漫不经心或者将生活的时间和空间都填满了毫无价值和意义的垃圾物和淘汰货，那就不是在创造财富，而是在消耗财富，消耗你的时间和精力，消耗你的资源和物质。一正一反，你的财富就会从正数滑落为负数。

生活即是创造智慧财富的状态，一定是积极的、丰富的，带来愉悦的感受。在生活的时间和空间里，满满的都是正能量的东西，满满的都是能够促成个人成长和收获的内容。无论进餐，还是睡觉，都合乎科学的规律和方式，都为自己的健康加分；无论是业余爱好，还是行为取向，都是为自己的修为增色。无论是积极的生活方式，还是追求比较丰富的生活内容，只要在心中有一支衡量的标尺，那就是——生活的每一天，是有收获、有价值的，还是透支、无意义的？由此你就知道自己是不是处在一个智慧财富创造的状态了。

既然生活即创造，那么就热爱生活吧！让我们在每一个日常生活的烟火中品味智慧创富的乐趣，让我们的每一个平常日子都充满智慧创富的愉悦。

第三部分　创造篇——人人皆可成为新型富豪

学习即创造

学习即是创造财富，这可能比较好理解，因为所有的学习，无论是学习知识、学习技能，还是学习做人的道理，或大或小，都会有所收获的。一个人从一出生就开始了漫长的学习过程，这个过程甚至贯穿人的一辈子。既然人一辈子都处在学习的过程中，也就可以说一辈子都处在创造财富的过程中。如果抱有这样的理念，我们不管处在什么样的年龄段，都要以饱满的热情和不懈的追求投身于学习之中。即使处于人生的晚年阶段，也不要轻易放弃学习的权利，也不要轻易泯灭学习的激情，因为每一次学习都是难能可贵的自我提升，都是智慧财富的创造和累积。因此，只要自己不放弃，任何人都无法剥夺我们学习的权利，也等于说任何人都无法剥夺我们创造财富的权利。

学习即创造，既然如此，我们就要树立终身学习的理念，养成一个终身学习的良好习惯，这样我们才可能通过终身不懈的学习来获取知识、技能、智慧，成为一个有文化有教养有能耐的有用之人。

我们还需要追求学习效果的最佳化，因为学习效果的最佳化也等于是追求财富创造的收获最大化。在同样的一个时间段里，不同的人，学习成效是不一样的。学习成效大的人，收获的财富也会多一些，而成效差的人，收获的财富也会相应少得多。但只要肯学习，只要不停止学习，总会有收获的、总会有进步的。

要保证学习成效的最大化，首先得知道"我需要什么？什么知识和技能对我最有价值和意义？"这就是学习的规划，为自己开出学习的方子。这很重要，因为要学的东西太多了，我们没有精力和时间什么都去学习，我们只能学习对我们成长和成功最有帮助的东西。就好比知识是一片大海，我们学习的目的就是在大海中取出自己需要的那几滴水。

其次是学习的方法。方法对头，事半功倍；方法不对，事倍功半。每一个人的学习方法是不同的，对于别人好的学习方法，我们可以学习借鉴，但不可以照搬照抄。我们应该通过自身的学习来摸索和养成最有效的学习方法，从而获得最佳的学习效果。最佳的学习效果就是最佳的创富效果。

最后是学习的态度。要始终保持一种虚心好学的态度。一张白纸、一无所知的时候要有虚心好学的态度，即使学有所成的时候仍要有这个态度。要成为一个真正的富豪，我们在知识和能力面前必须有一个永不满足的态度。

创造与享受同步

智慧财富最鲜明的特点就是创造与享受同步。跟传统的物质财富创造那种先苦后甜的感受不同，智慧财富的创造，是一个劳动的过程，同时也是一个享受的过程。我们听到很多这样的对话："你从事这一行业，你做的这些事情，要付出许多的汗水和心血，你觉得累不累？你觉得苦不苦？"回答："我一点也不觉得累和苦，反而我觉得很享受这个过程，因为这是我喜欢做的事情，又是我觉得很有价值的事情。"听到了吧？做自己喜欢做的事情和有价值的事情，再苦再累也觉得是一种享受。这种心灵的体验感觉是真实的，笔者不止听到一两次而是听到很多的朋友都这样说过。因此，可以断定，智慧财富的创造一定既是创造又是享受的过程。这种感觉是甘甜的，是芬芳的，是喜悦的，是令人陶醉的。台湾有位叫蔡志忠的著名漫画家，他可以几十个小时不停地专注于做一件事情——画漫画。我想，尽管一画几十个小时，他一定不会感觉到苦，而是感觉到享受的快感，因为他是在做自己最喜欢并认为是最有价值的事情。但凡经过千锤百炼终获成功的人，都有过这样的经历和体验。

因此，智慧财富的创造和累积的过程，并不是一个苦行僧般的过程，并不是一个难受折磨的过程，也不是一个痛苦难熬的过程；相反，智慧财富创造和累积的过程，是一个享受快乐、获得幸福、充满乐趣、饱尝生命之甘美的过程。不管你是学习还是投资，是健身还是钻研，是交际还是独处，都应该是你喜欢和感到充实的过程。智慧财富本身就是智慧的化身，财富也变得充满人性和富有情怀，更何况其创造的过程呢？当你踏上智慧财富创造之途，一种从未有过的生命体验就会幸福着你生活的每一个空间、每一个时刻，你会感觉到人生原来是如此之美好、生活原来是如此之美好。

智慧财富的创造是可以一夜"暴"富的

似乎迄今为止的所有财富创造都有逐步积累的特点，都不可能一夜暴富。但智慧财富的创造不同，它可以一夜"暴"富。例如，在现实生活中，一次非常义举，就可以让一个人瞬间成为英雄，因而受到社会的褒奖和尊重，这是"暴"富，因为一个人的荣誉和口碑也是一笔智慧财富。再比如，一个运动员刻苦训练，奋力拼搏，登上了奥运会的最高领奖台，不仅成为万众瞩目的明星，而且得到社会的褒奖，不仅一枚金牌的含"金"量不可计量，同时冠军的身份也带来了巨大的品牌价值。这样的例子不胜枚举。当然，反过来，一个人的所有智慧财富也可以在某一刻归零或者归于负数。例如，一个人的某个恶行，让其犯了法、入了刑，那么，这个人以往创造的所有智慧财富都化为乌有、一日即毁。

每个人每一天都可以在创造着智慧财富，使自己变得越来越富有。但智慧财富有其自身的特点，不只需要致力于创造，还需要用心维护，更需要懂得敬畏。让自己对来之不易的智慧财富，不仅受到光明磊落的道德维护，而且受到珍爱如灵魂的悉心关照。

智慧财富 人人皆可成为新型富豪

付出与增值同时发生

这里的付出与增值同时发生，意在表示在智慧财富的总量中，某一种财富付出时，不仅不会减少智慧财富的总量，而且付出的那部分财富也会以另一种财富的形式呈现，来抵消付出的那一部分财富，甚至还可能增加了原有的财富总量，因为在付出的过程中，财富的价值得到了提升。

举个例子吧：一位学者为公众举办了一场专题讲座，把自己专业领域的研究成果慷慨地分享给受众。这次分享中，这位学者的智慧财富一点也没有减少，甚至还会增加，因为要准备这个讲座，他需要悉心地备课、查找资料、梳理观点，这让他也有了新的进步，而听众们因为他的分享也受益匪浅。

再举个例子：一位先生因为邻居突发急病，他用车送邻居到医院去看急诊，由于他及时伸出了援手，赢得了时间，邻居得到及时的抢救，保住了性命。在这个过程中，尽管这位先生付出了时间，汽车消耗了汽油，但他这种乐于助人的行为得到了整个小区居民的赞扬，而且后来也得到这位邻居的感谢，拉近了与邻居的关系。因为这件事，邻里相互间亲如家人、守望相助。与付出相比，他的收获要多得多。

我还看到过一个报道：有一次，一位妇女给了一位身无分文买不起盒饭的外地人一碗面条吃，几年后，这位外地人当了老板、发了财，他没有忘记在最落难的饥饿时刻给了他一碗面条吃的恩人，专程千里来道谢，并拿出一张百万元的支票作为感恩礼。我们并不是说，付出一碗面是为了换来一百万的回报，而是说，任何付出都不是竹篮打水一场空，都是有回报的。这个回报就是财富以另一种方式的增值。汗水的付出、心血的付出、时间的付出、情感的付出，无一不都是这样。当然，付出

第三部分　创造篇——人人皆可成为新型富豪

的时候，最好不要带着功利的目的，不要指望得到某种回报，因为太功利的付出、太指望得到回报的付出，有时反而使付出变味而得不到回报，也不会使财富增量。

一生都在创造财富，直至生命的终了

如果树立了智慧财富的理念，你就会感觉到智慧财富的创造每时每刻都在发生着，不用说学习工作劳动是在创造财富，就是吃饭睡觉休息也是在创造财富。这是一个富有充实感、成就感的生活状态，也是富有激情和生命张力的人生状态。想一想，如果你感觉到自己每一天每一刻都在创造财富，你的心情肯定是愉悦的，你的状态肯定是积极的，你的精神肯定是受到鼓舞的。而且，这种良好的状态一定会进入一个良性的循环之中，让你的每一天都变得丰富、高效、有收获。这种感觉不会因为你年龄的增长而减弱，而是会长久地保持下去，甚至直到生命的终老。你看看那些科学家、大学问家，还有那些对生命和财富抱有清醒感悟的人，哪一个不是活到老、学到老？哪一个不是活到老、财富创造到老？前几年，我看到过一个报道，一位科学家在临终时，用生命最后的能量整理完电脑中的科研资料，交代完毕后平静地走了。他生命的最后一个脚印还踩在科学的跋涉之路上，他生命的最后一刻还在创造着属于自己又属于国家和整个社会的智慧财富。

学习是创造财富，娱乐是创造财富，健身是创造财富，休闲是创造财富。只要用智慧财富的理念融入你的生活，融入你人生的每时每刻，你就会发现自己本来觉得乏味枯燥的生活一下子变得有意义、有价值起来；你会发现自己本来觉得波澜不惊的日常烟火里，到处都在散发着智慧财富的芳香；你会发现自己本来觉得无所作为的每一天，其实都是一步一个脚印地走在成为富豪的路上。

智慧财富 人人皆可成为新型富豪

智慧财富具有一荣俱荣、一毁俱毁的特点

智慧财富是一个体系，是一个不可分割的有机体，具有一荣俱荣、一毁俱毁的特点。如何理解呢？还是以一个人为例。某个人的知识、智慧、技能、格局、习惯和修为等等，构成了他的智慧财富总量，而如果他在某一方面有出人意料的作为或者超出常人的行动，他的智慧财富总量会水涨船高，一下子成倍增加，让人始料不及；而如果他在某一个方面没有用心维护，就会产生连锁的负面反应，就像多米诺骨牌一样，财富之厦瞬间倒塌。

比如，一个名不见经传的无名之辈，由于在他人危难时刻的一次义无反顾的挺身救险，他瞬间变成了见义勇为的大英雄，成了无数人学习的榜样，甚至由于这次突出贡献，他还被保送进了大学深造，或者被破格提拔晋级。他的智慧财富因为他的一次光彩行为而成为精神上的富豪，而他其他方面的不足或者小缺点则被身上的荣耀所包容，甚至变成真实可爱的一部分，一并得到赞扬。

再比如，某些知名度很高的公众人物，因为一次偶尔的失言或者失信，导致身败名裂，被人肉、被吐槽、被封杀，有的甚至丢了饭碗，还有的甚至进了牢狱。他们用大半辈子一点点积累起来的公众形象一下子被抹黑、变形，一点点积累起来的智慧财富瞬间归零。这样的例子，媒体中常见有曝料。回到即便是普通的日常生活，要让人说你是一个好人，可能要千百次的出色表现；但要让人说你是一个坏人，只需要一次不道德的行为。英雄与坏人、富豪与乞丐之间的角色转换，或许真的仅在一念之间、仅在一个细节之中。这就要求人们在追求和创造智慧财富的过程中，要心怀敬畏，如履薄冰，慎始善终，用一生的时间来创造、来守护，不能有半点儿的忘乎所以。

第三部分　创造篇——人人皆可成为新型富豪

智慧财富不仅表现为量,同时也表现为质

一个人的修为、涵养,一个人的知识、智慧,一个人的格局、胸襟等等,不可能以量的单位来表达,只能以质的内涵来衡量。正因为如此,我们对于智慧财富的创造和积累往往不敏感,或者说不能明显地感觉到财富的增减,因而消减了财富创造的动力和积极性。这也是为什么很多人终其一生,在智慧财富的积攒上还是囊空如洗、抱悔不已的一大原因。

记一个例子吧:有一位大学毕业生,他觉得自己拥有了大学文凭,走出校门后就把书本放下了,停止学习了,感觉知识这辈子也够用了,如果再捧一本书读,也学不到多少东西了。虽然他谋到了一份职业,可以维持生活,但由于长期缺乏补充和更新知识,渐渐地就感到工作力不从心了,因为工作的生产工艺和设备都在不断地升级换代,而自己还在原地踏步,之前掌握的知识适应不了岗位的需求,最后被炒了鱿鱼。当他意识到问题的严重性时,已经为时已晚。因为知识的更新是永不停步的,知识的学习也应当是永不停步的。

智慧财富的累积是一个潜移默化的过程,在整个过程中,你可能计算不出具体的数量和规模,但可以感觉到它的丰厚和增加。因此,要想成为智慧财富的富豪,你就要时刻地保持对智慧财富的敏感和激情,不断地用心创造,并时时检点自己的收获,以增强持续不断的创造信心。

再记一个真实的例子:笔者所在居住地有一个农村小伙子,他原来也只有初中毕业,毕业后去建筑工地当起了泥瓦工,但他在工余时间总留心观察施工技术,慢慢学会了看施工图纸,同时虚心求教施工员,另外还考了相关的资格证书,后来自己也成了一名施工员。再后来,他又

参加高等教育自学考试，获得了建筑专业的文凭，过了几年升为项目经理，最后升任了公司经理。企业改制后，他被推举为这家建筑企业的董事长，所经营的企业不断壮大，无论是规模还是实力，成为国内建筑业界的一匹黑马。这个过程中，这位董事长不仅为自己积累了雄厚的物质财富，而且也积累了丰富的精神财富，他本人也获得了诸多的荣誉称号，获得全省自学成才标兵，成为人们眼中的真正富豪。这一切得益于他数十年不间断的学习，从量的积累最终到质的变化，让他完成了从丑小鸭到白天鹅的华丽转身。

因此，智慧财富的积累是日积月累的，只要找对了路、认准了目标，就一点点用心积累，从量变到质变，再从质变到量变。其实，无论是质变还是量变，只要是积极、正向的，就只管继续努力，一刻也不要松懈，一刻也不要停顿，智慧财富就会渐渐地日增月积，不断地丰厚起来，最终圆了富豪的梦。

智慧财富创造和累积的过程可以呈复式多头并进

与传统财富积累的方式不同，智慧财富的积累不一定是线性积累过程，在很多的情况下，可以实现多头并进、复式增长。

如果你对这个观点不理解，这里可以打一个比方。例如你有阅读的习惯，那么捧读一本书，不仅会增长知识，同时也增加了你的内在气质，还可因为读书交到具有相同爱好的朋友，还可因为读书的愉悦而健康了身心，也还可因受你读书的影响，感染了家人与你一起读书，等等。这不是吗？正因为你读书，你的智慧财富在多个维度上有了收获、有了累积。

再比如，你从事一项自己喜爱的职业，用掌握的技能完成了一个工艺品的制作，那么这个工艺品既用来参加相关的展示活动，并由此赢得一定荣誉,也可以通过交易而赚到钱,同时在完成这个工艺品的过程中,你的技能又得到了精进。真可谓一举多得!

像这样的例子不是随手可摘吗?事物与事物之间总存在着内部联系,它们之间也有着相互影响的作用。我们只要用心地体会其中的联系和规律,用最少的时间和精力代价去取得多方面的收获是完全有可能的,这也是人生的一大智慧。

因此,我们在生活中做某一件事情的时候,不妨多想想做好这件事情会带来哪些方面的收获,尽量穷尽地设想每一方面的好处和价值,这样我们就很可能会发现于平淡之中的意外惊喜,可以于无形之中增强我们做好这件事情的动力和信心。即使在做这件事情的过程中难免碰到一些困难和曲折,也就不会轻易地放弃。在做完这件事情的时候,我们还不妨检点和总结一下在做这件事情上的得与失,以便于在往后的财富创造过程中做得更完善、更高效、更有成就感一些。

智慧财富可以一代一代接续传承和接续创造

智慧财富是可以一代一代接续传承和接续创造的,特别是那些无形的精神文化财富,更可以世代传承、绵延不绝。

对此我们可以举出很多的例子。如一个悬壶济世、医术高明的老中医,把他治愈百病的医方和经验手把手地教给了他的子孙,其子孙又在他的基础上不断地总结完善,形成了一代传一代的中医世家。他们不仅为百姓救死扶伤、挽救了很多人的生命、帮助病患解除了病痛的折磨、恢复了正常人的生活,同时也积累了宝贵的智慧财富,包括日趋精湛的医术和赢得了无数人的尊敬。

再比如,作为一家之魂的家风家规。一个家族的老祖开创了一代家风,世代相传,接续承继,不仅使整个家族人丁兴旺,而且名望日隆,家业不断发达。历史上从不乏这样的名门望族,一代家风彰显出智慧财富的强大生命力。

物质的财富往往很难传承几代,但智慧财富可以代代相传,而且在传承的过程中,不会因为承继而产生矛盾纠纷,也无需等份均分。每个承继者都可以得到其全部,而不是部分。这就是智慧财富的神奇之处,也是智慧财富的价值所在。

当然还有很多的例子。例如那些知识和学问,都可以通过一代接一代传承而不断地获得丰富和提升。一个智慧财富的创造者,可以召唤千百个承继者,智慧财富的价值正是在一代一代的承继和接续中,不断得以无限地升值,使智慧财富的总量形成井喷式的爆发和几何级数式地增长。

第三部分　创造篇——人人皆可成为新型富豪

角色塑造

你要成为一块海绵

海绵具有强吸水的特性。你想成为智慧财富的新型富豪吗？那么你就做一块"海绵"吧。即使你现在一无所有，只要你愿意做一块"海绵"，你就可以一步步接近富豪的梦想，因为海绵可以最大限度地吸入水分，你可以像海绵一样最大限度地吸入知识、技能、智慧、阅历。只要是有益的吸入，多多益善。

这种像海绵一样的吸入，就是学习、实践、思考、观察、游历、借鉴，利用一切可利用的时间，利用一切可利用的方式，来吸入自己需要的精神文化营养。如果一个人仅仅是为了活着，只需要空气、水、食物就可以，但如果要想成为一个真正富有的人，你就必须像海绵一样吸取更多的精神营养、思想营养、知识营养。

为了更多地汲取各种有益的营养和能量，你必须自我了解和思考如何才能达到汲取的最佳效果，以此提高汲取的效率。让自己在同样的一个时间段里比别人吸收到更多的营养，这也是你将来之所以比别人更富有一些的因素，因为你在吸收营养的时候，别人也在汲取营养，比如大家可能都在同一所学校学习，可能都在同一个单位工作，可能都在同一个夜晚挑灯苦读，而同样的时间里，谁能胜出，比的是效率。效率来自时间，更来自方法。

当然，海绵汲水的过程是不假思索、全盘接受的，而你的汲取应该比真正的海绵要聪明一些。在汲取的过程中，要用心地分辨哪些是你所需要的营养成分、哪些是你用不着的营养成分、哪些是有害的成分。要把时间和精力全部放在你最需要的营养成分的汲取上，心无旁骛、全神贯注。对于吸收进来的营养成分也要进行梳理分类，对自己的营养成分进行有系统的累积和成体系的积攒，而不至于一团糨糊；另外，还要经过再筛选，去其糟粕、留其精华，为你所用。总之，智慧财富是一个体系，是一个完美、均衡的生命体。

你应该在汲取的过程中，始终保持一种饥渴的状态，对各种营养的吸入胃口大开，使食欲处于一种亢奋状态。这种亢奋状态的保持，就是对所有的知识、智慧、技能和阅历保持一种持续的兴趣爱好，如痴如癫，如醉如狂。只有达到这种上瘾入魔的境界，才是汲取的最佳状态。

你要能够对营养成分永远保持一种汲取的状态，就要永远保持一种谦虚的态度、好学的姿态。在任何时候都不要骄傲自满，不要自以为是。你要把自己目前拥有的，永远当作只有"半桶水"。只有在虚心好学的时候，你的汲取才是最有成效的。如果一旦骄傲自满，"海绵"就会产生抵触情绪，就不再工作了，汲入就停止了，结果你的智慧财富也就只能是这么多了。假以时日，人就开始往由富向穷的方向滑坡了。反之，你就会一步步踏上富有的阶梯，迈向你心中的财富目标。

我这里所说的"你"，可能是一个人，可能是一个家庭，也可能是一个企业。只是大小不同而已。面向财富的目标，我们需要做的角色是一样的。个人要学习，家庭要学习，企业同样要学习。不是要打造学习型家庭、学习型企业吗？那就是要像海绵汲取水分一样，汲取创造财富所需要的养分，而且这养分本身就是智慧财富。

第三部分　创造篇——人人皆可成为新型富豪

你要成为一块磁石

财富是创造出来的，但财富也是吸引而来的。正如一块磁石会吸引到更多的铁，如果你想成为富豪，最好的办法，就是成为一块能吸引财富向你汇聚的磁石。如果想让更多的财富向你汇聚，那还必须变成具有更大吸引力的财富磁石。这不是在说笑话，而是在诠释一个规律。

如何将自己变成一块具有强大吸引力的磁石呢？唯一的办法，就是强大你的磁场。你要具有与众不同的知识、智慧、技能和阅历，你要具有鹤立鸡群的品位、气质、胸襟和魅力。水总往低处流，人总往高处走。每个人都希望能与比自己更优秀的人打交道，能与比自己更有智慧的人做朋友，能与比自己更有品位的人结伴行。因此，你要成为一块能吸引别人的磁石，就要让自己比别人更优秀些、更智慧些、更强大些、更有魅力些。实际上，你成为磁石之前，必须先默默地做一块海绵，或者说，你必须一边做海绵、一边做磁石，让你的周身充满了奋发向上的能量，让你的内心燃烧着不息的自强之火。

但你不可能在尚未具有吸引力的时候硬要成为一块磁石，这是不可能的，所谓"绣花枕头稻草芯"，这样的草包是没有任何吸引力的。有句话说得好："腹有诗书气自华"，吸引力是自然而然产生的，不是装出来的，不是吹出来的，也不是捧出来的。在你不具备吸引力的时候，你还只是一块铁屑，还不是一块磁石，角色的把握一定要准确，要不然就要闹笑话，你的行为举止就会成为别人的笑柄。

如果你这块"磁石"的吸引力是有限的，那么有限的吸引力只能吸引到有限的"铁"。这个时候你不必过于迁就，不必过于勉强，所谓"强扭的瓜不甜"，只有心甘情愿被你吸引过来的，才是你的"铁粉"。你要善待被你吸引过来的"铁粉"，要真诚地与他们做朋友，不要因为你的优势地位，就可以盛气凌人，不可以的。只有你的能量，加上你的魅力和谦虚，你周围才会吸引到越来越多的"铁粉"；而"铁粉"也因你产生了磁力，可以为间接地去吸引更多的"铁粉"，这样就形成一个良性的循环。你的吸引力因此而不断强大，在你的周围会形成一个引力圈。

即使你的磁石吸引力很大了，但再大也不是最大，要相信还有比你具有更大吸引力的磁石。正如地球很大，但还是被太阳所吸引，还是围着太阳转。要承认，在一个更大引力场里，你也只是一个铁粉，会被更大的磁石所吸引，但请不要有任何的自卑感，这是现实，也是规律。如果你被更大的磁石所吸引，或许这正是你的机会，你因此可以接触到比你更优秀的人，他可能会成为你的知己，也可能成为你的导师。他会为你注入正能量，注入你所缺少的精神上的营养物质、知识智慧上的微量元素，成就你的成长，成就你的强大。这是一件好事，你应该接受并带着感恩之心去接受。甚至，你要主动去寻找这样的机会，寻找比你更大的磁场，因为只有比你更大的磁场，才能满足你进一步强大的需求，才能为你这块磁石注入更多的引力能量，使你更强大。

诚然，在这个世界上，吸引力无处不在，各种诱惑也无处不在。当你被外界所吸引时，千万不要放弃你的判断力。你是让有益于你的磁石所吸引，而不是任意让所有的磁石吸引。如果让所有的磁石吸引，这就乱了方寸，会让你无所适从，结果肯定是很悲摧的。因为，尽管被无数的磁场所吸引，但你没有自己的主张和方向，只是徒耗了自己的生命能量，而最终一事无成。只有被优秀的、卓越的、富有正能量的磁石所吸引，才是一件幸事。如果一旦被负能量的磁场所吸引，一定要毫不犹疑地想办法摆脱出来，重新寻找新的生命磁场。

在这个世界上，人与人之间、家庭与家庭之间、企业与企业之间、国家与国家之间，都存在一种关系。这一种关系，在一定程度上也表现为一种引力关系，相互吸引又相互排斥，相互依存又相互独立。

你要做一块磁石，就要做一块具有智慧头脑的磁石，理性地处理各种吸引和被吸引的关系，保持清醒和理智。这样才能使生命一直保持在具有强大吸引力、满满正能量的状态，这是超级富有的状态，正是你想要达到的人生目标的状态。这种状态也可以类比于家庭、企业。家庭、企业同样要做一块具有吸引能量的磁石。一个充满正能量的家庭，肯定是一个和谐团结、欣欣向荣的家庭；一个具有满满精气神的企业，一定是个蒸蒸日上、前途无量的企业。

你要成为一把犁

天下没有免费的午餐，天上也不会掉下馅饼。所有的金蛋银蛋都是从勤劳与勤奋的鸡子里生出来的，所有的财富都是从洒满汗水与心血的土壤里长出来的。因此，怀揣财富之梦的你，必须成为一把犁，来耕耘和开掘你曾经的不毛之地、现在的处女地。没有任何捷径可走，没有任何不劳而获可等。

你应该成为一把勤劳之犁。懒惰是财富的天敌，勤奋与勤劳才是财富的天生好友。你要相信，只有勤之犁耙千遍万遍地耕耘，才能补偿土壤的贫瘠，才能追赶季节的滞后，才能期盼金秋的收获。即使你有足够的时间，也不要持犁懈怠，更不要弃犁图逸。犁，只有在耕耘劳作中，才不至于生锈；只有在劳作中，才会闪现价值之光。岁月会奖赏每一把勤劳之犁，把属于它的财富呈现在它的面前，丰收属于付出过劳动、挥洒过汗水的犁。

你应该成为一把智慧之犁。犁不仅要勤奋与勤劳，更要有智慧之锋。智慧之犁在耕耘的时候，用的是巧劲，而非蛮劲，它既懂得自己的能耐，也懂得土地的性格。它既懂得在什么地方是最佳的下犁之处，也懂得在什么时候是最佳的下犁之时，会发挥出最佳的效能。不是所有的土地都适应耕耘播种，也不是所有的季节都适应耕耘播种，只有智慧之犁才能达到事半功倍的效果。在下犁之前，你要确定有没有选对地方、有没有选对季节、有没有选对播种的品种，这是任何一个农人必先自问的问题。你也一样，只有你的耕耘与你心中的目标达成方向上的一致，你的犁之劳作才不至于南辕北辙。

你要成为一把坚韧之犁。所谓坚韧，就是聚精会神的专注和锲而不舍的坚持。这个非常重要，决定着你的耕耘究竟有没有收获。做事情，切忌虎头蛇尾，切忌三心二意。只有专注精进，才能犁出一块好田；只有有始有终，才能迎接丰收。犁头向前，一定是扎实而行，不畏艰辛，不避坎坷，因为希望就在你的深耕和细耙之中，就在你的不息劳作之中。

你要成为一把犁，把你、你的家庭、你的企业想象成是一片未曾开垦的处女地。这地下有无数的矿藏、有无数的机会、有无限的潜力，它们都在等待着你的开掘和耕耘，它们会感动于你的勤劳和勤奋，愿意为你效力、成就你的梦想，但它们需要你一刻不停地耕耘和开掘。

你是一把犁，但犁头也有用钝的时候，要懂得经常地打磨你的犁头，保持犁的锋利和智慧。因为任何一种工具，都是通过保养和修炼才获得更大能耐、获得更大生命力的。你是一把犁，一定要记住，你应该是一把始终充满激情之犁，是一把永葆青春活力之犁，任何时候都要怀有信心和希望，都要相信有一分耕耘，就有一分收获。

你要成为一团火

火代表着希望和热情，象征着蓬勃和力量。你要成为一团火，一团熊熊燃烧的生命之火，生命的价值就在于燃烧。财富的创造，本身就是富有激情之举。如何遇事总是泼冷水，总想打退堂鼓，那就注定会一事无成。凡是你心里有想要的东西，你的心就要跟着它一起激情燃烧起来，要有跃跃欲试的冲动和摩拳擦掌的行动。如果这把火熄灭了，你的梦想也就破灭了。只要你的生命之火未曾熄灭，梦想就有实现的希望。

你要成为一注理性之火。因为生命的能量是有限的，比如时间、精力和技能等等，你要把生命之火的能量发挥到最好的状态，锻造属于你的财富之梦。但凡火的燃烧，总会有风险，或伤己、或伤人、或伤身、或伤心。但凡火的燃烧，总会有浪费或无效的可能，只有理性利用，才是最好的利用。尽可能让生命之火的能量，一点也不浪费地用在成就你的事业、成就你的财富之梦上。

你要成为一把烛照之火。火代表着光明，生命之火的价值就在于为自己照亮前程。每一个人，乃至每一个家庭、每一个企业，在奔自己前程的时候，难免会有迷茫的时刻，这就需要凭借自己的生命之火点亮前行的路途，让人生少走弯路，规避风险。诚然，如果你有足够的光芒，也可以为他人指引路径。帮助他人，就是帮助自己。生命之火的价值更在于为社会带来光明。社会是由一个个人组成的，如果每一个人都能为社会奉献一份光，哪怕是一束微光，也是人生对社会的价值体现。

你要成为一把温暖之火。人生的四季，逃不过寒暑冷热。生命之火就是你生命的护身符，不管遇到寒冷和艰难，让你的生命之火持久地温暖自己，别让自己伤着、别让自己冻着，保护好自己的身心，让自己永远处于生命之火的包容和温煦中。只要温暖，就不会感觉孤独；只要温暖，就可以熬过痛苦。"留得青山在，不愁没柴烧"，健康的身心就是你的财富，其他都不重要，丢失的还会再来。只要生命之火还在燃烧，即使归零，之后一切还可以从头再来，失败了也可以东山再起，人生还有希望。

你的温暖之火，应该也是一份感恩之火。感恩自己，因为你努力了，你坚持了，你做得很出色，就应该给自己以鼓励、以奖掖，不要对自己吝啬，温暖之火是自己的，慷慨地给予自己，让自己享受自己的温暖，让自己感受自己的幸福。这是你生命的权利，除了你自己，别人都无权予夺。诚然，你也要将你的温暖之火分享给他人，温暖他人，特别是分享、温暖于那些对你有帮助的人，这种帮助无论大小，都是一份功德、一份真情，要把你的温暖同样地温暖在他们身上，让他们能感受到人间的真情与温暖。火可以用来取暖，心更可以用来相互抱团、相互取暖、相互慰藉。在这个世界上，我们每一个人都不是独行者，我们还有很多的同路人，抱团取暖、相互搀扶、结伴前行，是人生之途最好的选择。

你要成为一把持久之火。生命的燃烧可以是一时的耀眼与辉煌，但我们更倾向于持久地燃烧，不要把生命的能量随意地挥霍，要懂得节制和俭用。相较而言，这种持久之火会带给人生更多的精彩和神奇。财富是靠一点点积攒的，我们不要指望以"赌一把"来搏取一笔横财，尽管有这种一夜暴富的可能性，但概率是极低的。我们不要把人生的宝押在一夜暴富上，还是应该从容地以智慧之火、勤奋之火、持久之火来赢取人生，构筑属于自己的财富大厦。

第三部分 创造篇——人人皆可成为新型富豪

开始行动

规划是开始创富的第一个行动

当你读到这里的时候,你是不是已经有了跃跃欲试的创富冲动?这是非常好的精神状态,说明你内在的生命能量开始得到调动,你为成为未来的新型富豪做好了思想上的准备,或许你的心中已经对未来的财富人生充满了憧憬,而且你已经立志想成为一个富豪。但你必须知道,在你的创富行动开始前,还有一项最重要的工作要做,这就是——规划。或者说,规划是你开始创富的第一个行动。这很重要,创造财富如同盖房子,盖房子第一步工作就是设计房子,没有设计图纸就无法施工,即使施工,也是盲目的无用功。同理,你的财富梦也是一项工程,没有规划,就没有方位和蓝图,你的行动只能是盲目的瞎折腾。因此,笔者建议,在开始行动之前,先对自己的创富行动和未来发展做一个规划。一点也不错,规划应先于行动。

规划是什么?这里所说的规划是指,将你的梦想和愿景表达为清晰的蓝图,而且设计出实现蓝图的具体步骤,以及所需要的条件、时间、路径和资源。规划越是详细具体越好,你尽可以将你的智慧和想象力投入规划之中,规划做得好,说明你对它的实现越有信心。行动,首先规划要让你心动,只有让自己心动的规划,你才会有全力以赴去实现的激情和行动。

规划可以有长、短之分。长的可以是对于人生一辈子的设计,如你想让自己成为什么样的人；也可以是十年、二十年的设想，可以让自己知道人生阶段性的目标和实现的路径。短的则可以是三五年的目标，也可以是一年半载的打算。规划因人而异，完全可以根据自己的喜好和初衷来设计。但笔者还是建议，作为一个有追求的人生，应该既要有长规划，又要有短打算。长规划是短打算的总长度或者总和，短打算是长规划的分阶段。长规划用于激励和鼓舞自己，短打算用于督促行动和审察是否进步。两个规划都需要，相辅相成，共同为你的人生目标服务。

规划比梦想更实事求是，梦想可以天马行空，但规划是要脚踏实地的。规划是梦想的具体化，梦想毕竟属于浪漫，而规划则属于现实。规划要从感性中走出来，进入理性和现实的思考，因为规划是要一步步落实、一步步实施的。因此，你在做规划的时候，一定要考虑和评估你的能力边际、你的生存环境、你的现实条件、你的发展潜能。梦想成为世界首富固然是好，但目标过于离谱夸张，则反而有害于规划，因为缺乏理性而导致规划难产或畸形，即使做出来了规划，也终难于实施、无法实现。

规划可以借鉴别人的，但决不要照抄，因为每一个人是独特的生命体，有着不尽相同的三观、胸襟、情怀、格局。人生各自的规划肯定有不一样的色彩，要相信自己，只有自己用心设计的规划才是成就你人生梦想的第一步，是良好的开始。

投资是财富增长的必要手段

投资是财富增长的必要手段，而在智慧财富体系中，学会投资本身就是智慧财富的一部分。

作为个人，投资应该是毕生的功课；作为家庭，投资应该是永远的课题。说到投资，按照一般人的认识，肯定认为就是房产、股票、基金之类的投资。这些当然是一种投资，是作为物质财富增长必不可少的一

第三部分　创造篇——人人皆可成为新型富豪

种手段。但我们这里说的投资，并不那么狭隘，而是一种整体的人生战略，其中不仅包括以物质财富增长的投资，而且包括对自身完善的投资，对亲情、友情、爱情的投资，对知识、智慧、技能获得的投资，对健康、对修养、对人格、对品德的投资，等等诸多方面，在此可以举出十项、二十项甚至一百项需要投资的方面。

有一个年轻人找到笔者，诉说自己也是三十多岁的人，现在没有职业、没有钱，不知道能干什么、怎么干？去应聘了多家企业，都没有录用他。我对他讲："当你无事可做的时候，你就给自己投资。"他苦恼道："我现在身无分文，叫我怎么投资呢？"我给他分析："你现在需要投资的地方很多，而且完全可以开始你的投资。你现在还没有工作、没有固定的职业，不是社会上缺少供你工作的岗位，而是你还没有掌握社会需要的技能或运用于工作的专业知识。现在的用人单位，招人的话一般都需要这几方面的：一是白领，管理型的，需要会电脑、会开车、会管理协调、会公文写作，甚至熟悉涉外业务，还要会外语。二是蓝领，必须至少掌握一门专业技术，甚至要求有相关工作经历，或者有各类上岗证书。当然，还有一种不需要专门技能和专业知识的，就是干力气活，比如清洁工、搬运工之类的。你自己衡量一下，前面所说白领和蓝领，你有没有符合的条件？"结果他低下头，一声不吭。我继续给他分析："我给你衡量一下，目前只有最后一项选项，你可以胜任，因为你年纪轻，有力气。"但这个年轻人立即表示不愿意，说自己年纪轻轻的，干这些清洁工、搬运工，脸面都没地方搁。也因此，他只能无所事事地一直宅在家中。我跟他说，现在最重要的，是为自己投资。他问怎么投资呢？我劝导他说："你必须去学一门技术，有了技术才会有工作的机会。你还可以通过培训，考个专业的证书。如果想自己创业，也可以，但最好先有一个打工的过程，为自己将来创业积累实战的经验教训。而且，你的投资早开始、早行动，就早收获。你不行动，就永远不可能有收获。"

其实，一个人从小到大，是一刻也不能停止对自己投入的。我记得在写给我自己女儿的一封信中，是这样给她建议的："为自己投资，把自己当作一个公司来经营。实际上，的确如此，人生是需要经营的，生活是需要经营的，我们必须为价值而活着、为目标而活着，必须清醒地活着，不要荒废了青春年华，不要虚耗了黄金时光。一个人来地球上光顾一次实在是机会难得，要经营好自己的人生，投资是必不可少的。"其实这不仅是对女儿的建议，也是我对自己的要求。笔者仅从一张小学文凭的初始点开始自学，几十年来，一直不间断地为自己投资知识，在很长的一段时间里，我给自己规定每天五十页书的读书投资计划，且从未停顿，让自己在不间断的投资中增长了知识，得到了丰厚的回报。

诚然，投资不是单一的知识方面的投资，应该是全方位的，可以是有关生理心理的、学识修养的、专业技能的、智慧知识的、爱情亲情友情的……很多方面都需要自己倾心尽力。我还只有老是觉得对自己的投资还不够，绝对不会有投资过头了的感觉。

为自己投资是不间断的，要养成终身投资的理念，正如强身健体是终身的、学习成长是终身的。在我们的生命没有停止的时候，我们没有理由停下前进的脚步，没有理由放弃向上的努力！

为自己投资还要保持理性的思考。是缺什么投什么，把自己的短板拉长，将素质全面完善起来？还是看清自己什么长处，把长板更拉长，形成自我独特的优势呢？这里面需要你自己的判断。

为自己投资要合理地利用自己的资源，让自己的时间和财富产生倍增的效应。正如经营生意一样，投资不是盲目的，它必须是有计划的。因为一个人的时间有限、本钱有限，而值得投资的项目又很多，你就要进行筛选，有所取舍，有所侧重。当然，在人生的不同阶段，投资的内容是不同的。从大的方面看，青少年时代，我们更多地要把投资放在求知上；中壮年时期，我们要把更多的投资放在成家立业上、事业成就上；到了晚年时期，我们则把更多的精力放在养生保健、保持身心健康上。

确立了为自己投资的理念，就要对自己的行为有所约束。不能沾染上不良的生活习气，要养成良好的有益于人生进步和成长的生活习惯。因为生活中各种各样的诱惑太多了，我们必须懂得鉴别和防范。社会上的歪风邪气不大可能有彻底清场的时候，但最起码，我们可以用我们的精神和道德守卫自己的一方净土，让自己健康而有益地活着。

为自己的人生投资，最紧要的是要算大账、算长账、算活账，不能被眼前的云烟挡住了努力的方向，不能被一时的蝇头小利左右了进取的活力。为自己的人生投资，也许一时半会儿感觉不到它的成效；也许一年两年，你仍享受不到它的红利，但这并没有关系，你还是要保持一如既往的信心和用功。相信为自己投资，既是一种长线投资，也是一种最可靠的投资。

在无所事事的时候，你可以阅读感兴趣的一本书；或者做一次健身锻炼，也可以听一段音乐，喝上一杯茶，思考一个问题；或者拜访一位朋友；或者进行一次远足；或者参观一处博物馆，还可以尝试做一个特色菜，等等，这些都是对你自己的投资，因为这些或可以为身心健康加分，或可以增加知识和阅历，或可以优化人脉……投资的过程，既是智慧财富积累的过程，又是享受智慧财富的过程，生命的意义和价值在这里尽情地得到彰显。

付出是智慧财富创造的一种方式

这里的付出，包括了钱币的付出、时间的付出、精力的付出、技能的付出、劳动的付出、思想的付出、爱的付出，等等。这种付出是一种倾其所有、毫无保留的付出。笔者这里所说的付出，不仅包括对自己的付出，也包括对他人、对社会的付出。只要这种付出是有益的、有价值的、有意义的，那么这种付出就是智慧财富的创造过程，这种付出必然会收获智慧财富。

我们应该明白，在智慧财富体系里，付出即获得，付出即回报。没有付出，就没有回报；没有付出，就没有获得。生活的逻辑就是这样，财富的逻辑也是这样。

或许，有人会疑惑：怎么付出就是获得呢？付出钱币，自己的口袋里不就少一些吗？怎么就变成财富的创造了呢？我们来举一个例子：还记得那一年汶川大地震，有个做凉茶的公司为汶川捐了一个亿吗？捐了一个亿，那可以肯定，公司的口袋里少了一个亿。但后来的结果是什么呢？因为慷慨捐赠，这个公司赢得了社会的尊重，赢得了美誉度，全国人民都知道了这个公司，记住了这个凉茶品牌。后来，这个品牌的凉茶卖火了，捐出去的钱又从另外的渠道源源不断地回到了公司的口袋里，而且这个凉茶的品牌价值还不止一倍两倍地提升。

像这样的例子不胜枚举。前几天，我还读到一个类似的寓言的故事：一个青年有一回救了一只濒临死亡的小狼崽，几年后，有一次青年在野外活动中不幸被狼群围困，当生命受到狼群致命威胁的瞬间，其中的狼王认出了他。而这只狼王正是曾经被他救治的小狼崽。接下来，不可思议的一幕发生了，在狼王的带领下，狼群散去，青年安然无恙。这个故事的真伪我们不必深究，但其中揭示出的因果报应法则毋庸置疑。

有一篇古文叫《冯谖客孟尝君》，里面讲述孟尝君让冯谖带了凭契去一个地方收款，结果冯谖到了那里却并没有去催收，而是做出了不合常理的举动，竟当着欠款人的面把凭契全部烧了。后来，孟尝君落难，冯谖带着他逃到那里，不仅保住了生命，而且受到隆重的礼遇。这个故事也是因果相报的最好注脚。

第三部分　创造篇——人人皆可成为新型富豪

就拿慈善捐赠来说吧，因为你的捐赠，别人得到了帮助。其实财富还在，只是完成了一次有益的转移，而且因为捐赠的义举，你赢得了社会的尊重和褒奖，提升了人格魅力和美誉度，精神财富可以得到丰富。而且，因为你的义举，会让你自己的内心感到格外充实和愉悦，对身心健康也大有益处。与付出的钱币相比，你的智慧财富不仅没有减少，反而是获得了无形的增长。如果一旦你出现困难的时候，社会和他人也会乐意地帮助你，使你有一种安全感。

至于时间的付出就是财富的创造，那更好理解了。任何成效的达成、任何成果的显现，都需要以时间为代价，都需要时间的付出。比如，你利用时间读一本书、作一幅画，或者进行一次健身锻炼，或者进行一次朋友聚会，或者去做一项公益活动，或者去上班打工……所有这些，都是一种财富的创造，而得到的回报，不一定是金钱，但一定是智慧财富中的一种：或是知识，或是智慧，或是阅历，或是友情，或是身心强健等等。只要我们是在最大限度地利用时间，而不是浪费时间；只要我们是在一个时间段里做自己所喜欢的、所擅长的、有价值的事情，那就是在不知不觉创造属于自己的智慧财富。如果能够日复一日都是保持这样的状态，坚持数年、数十年如一日，那么就要恭喜你，你一定会成为一个真正的富豪，你的生活肯定是幸福而美满的。

至于技能的付出，更是创富的利器。俗话说"家有黄金万两，不如薄技在身"，你得有一种技能，如果是独门绝技则更佳。因为一般而言，凡是技能的付出必有立竿见影的财富回报。这既可以作为一种养家糊口的生计，也可以作为一种业余生活的丰富，还可以作为一种助人为乐的资本。在现实社会中，技能对于个人而言实在是太重要了，多一种技能就多一种生路。而且，技能的付出，不会一下子就用完了，而是越用越多，越用，你的技能越精湛、越有价值。因此，每一个期望自己成为富豪的人，都应该使自己掌握更多的技能。诚然，一个人的精力是有限的，没有足够的时间和精力，也不可能去掌握三百六十项技能，我们只能选择己所能、己所爱并且有用的技能，学好、学专、学精，成为该行业的顶级权威，就更有希望成为富豪了。

思想的付出，是一种高层次的付出。思想是人类特有的精神财富。对于大多数的普通大众来说，都是人云亦云，只有少数人才有超常的思维，才有思想成果的产生。这些成果可以表现为一部学术著作（论文）、一部文学作品、一部音乐作品、一幅美术作品、一个设计成果、一套软件系统，等等。思想成果的产生是一种复杂的脑力劳动过程，它是科学思维的结果。思想是无形的，其付出的价值有时是难于估算的，它所产生的财富价值往往是属于社会的，但其价值和作用与那些纯粹以技能创造的财富不在同一层次，影响力也不在同一个层次，是更高的层次。它可能影响一个时代，或者影响一代人、几代人，或者对于人类的文明进步产生巨大的推动作用，或者改变人类某一方面的生活方式，等等。思想是精神原子弹，其能量是无法估量的。思想作为智慧财富来衡量，它可能不属于个人，而属于集体智慧的结晶，在社会财富的总量上，我们完全可能看得到增量。那些创造了伟大思想财富的人，将受到全社会的尊重和爱戴，他们可能是政治家、思想家、文学家、经济学家、科学家、设计师……他们是我们这个社会的真正富豪，相比于那些拥有很多金钱的富豪，思想家更加光彩照人、更加受到全社会的尊重。比如，中华民族历史上创造了伟大思想财富的先圣哲人，或在科学领域具有发明创造的科学家，如杂交水稻之父、发明了青蒿素的医学家等等。

爱的付出，是一种情感的付出。在人类社会，最丰富的是情感，最匮乏的也是情感。我们的生活、我们的人生，是多么需要有亲情友情爱情的滋润和哺育啊！但从需求与付出相比，社会的爱是缺乏的，是供不应求的，在更多的时候是求之不得的，在某些时候甚至是枯竭稀少的。如果正如有首歌中所唱的："只要人人都献出一点爱，世界将变成美好的人间。"爱心人人都有，就是看你愿意不愿意付出。爱的付出其实也是一种获得，它将丰盈你的生命、高尚你的灵魂、提升你的品位、加分你的人品、增加你的智慧财富。亲人需要你的爱，家庭需要你的爱，社会需要你的爱，你自己也需要自己的爱，让我们在生命的每一个时刻，为爱而活着，为爱的付出而幸福着。

做慈善也是一种付出。善举不仅仅是捐出一些钱物，只要是对社会、对他人的困难和急需产生有益的帮助，就是一种对社会、对他人的慈善。例如，通过你的开导，解开了别人一直解不开的心结；通过你的调解，化解了一场人际纠纷。再例如，你对一个不自信的人表达了你对他（她）某一方面的欣赏和肯定；你对一个处于迷茫中的人指出了一条豁然开朗的路径。甚至，你对一个陌生的人善意地会心一笑，都是一种有助于社会向好的付出，都是一种力所能及而且功德无量的善举，它的价值一点也不亚于钱物的捐助。在某种意义上，这种善举比钱物的捐助来得更有益更弥足珍贵。

记录是智慧创富的一大秘诀

当读到这个标题时，你也许心生疑虑：记录也算是创富行动吗？是的，这是一般人都会忽视的，认为是多此一举。但在大量的创富实践中，记录是智慧创富的一大秘密武器。我阅读过许多历史名人的故事，他们有一个共同的特点，就是善于记录自己的人生，有的甚至每日必记，几十年不辍，最后定格了富可敌国的财富人生，有的仕为宰相、有的富为巨豪、有的著作等身、有的技艺超群。

这里所说的记录，是有意识地将自己的读书体会、做人心得、处事所悟等，一一记录下来；是将你的微小进步、点滴收获，一一记录下来；是将你的经验或者教训，一一地记录下来。就像那些有名望的老中医将自己的每一张处方都保留下来，用于验证此方的疗效，以便不断地改进，最后效方就成为经方，成就一代名医。当然，你也可根据自己的意愿，可以每日一记，可以一事一记，也可以一月一记，只要有记录的习惯就好。至于记录的方式，没有定式，完全依据各自所好。可以是文字的形式，也可以是影像的形式。当你的人生处在夕阳之中，翻开自己的记录，你就会感受到生命曾经出彩过的鼓舞，就会感受到没有枉此一生的欣慰，就会感受到人生丰富的满足，这该是多么幸福的生命状态！这一切都是得益于你每一天的努力，也得益于你每一天的记录。

诚然，记录的功劳并非只为在人生夕阳时的幸福回忆，而更在于对创造财富过程中的助益。因为记录，便有了对于成功和进步的总结，也有了对失败和挫折的反思。因为记录，你会看到有哪些差强人意，又有哪些如你所愿了。由于及时的审察和反思，你会在第一时间找到更上一层楼的路径，你会改进收效甚微的举措。你的创富速度，将因为你的记录而加快；你的创富目标，将因为你的记录而渐渐接近。这就是记录的神奇效果。

记录还有一个神奇的效果，就是记录会持续地激发和鼓舞你的士气和斗志。在创造财富的过程中，会面临许多意想不到的困难和艰辛，而记录中的每一项小小的进步和斩获，都会潜移默化地对自己起到鼓舞的作用，你会暗暗地对自己说："我真棒！继续加油！"笔者在写作和修改这本书时，每天都记录写作和修改的进展，完成了多少页、多少字，无形中成为一种自我鞭策和激励。

记录，是点点滴滴的，但请相信，大海也是由点点滴滴的水珠汇成的。你点点滴滴的记录，最终将成为一部微型的人生创富史、生命的成长史。它是整个人类历史的一个微缩版，是你的一笔可观的精神财富，也是人类精神财富的一部分。因此，人创造了历史，唯有记录才能再现历史、记住历史。记录功不可没，记录本身就是智慧财富。

当你在智慧财富之路上砥砺前行的时候,请不要忘记记录自己的成长与进步,请不要忘记你的每一个收获和成绩都是丰富人生的精彩烙印,让它们能够清晰地记录下来,成为你此生的骄傲和自豪,也因为你的记录,成就你真正的财富人生。

智慧财富的管理是一门学问

俗话说得好:发财容易守财难!如果说智慧财富的创造是一门科学,那么智慧财富的管理同样是一门科学,因为智慧财富体系是一个完整的宏大体系。从宏观上说,它包括了人类的所有物质文明和精神文明的价值存在;从微观上说,它又条分缕析为数以百计、千计的子项和元素。对于这么一个既有宏观之庞大、又有微观之精细的财富体系,我们自然要引进智慧的理念,使智慧财富的管理高效科学。通过管理,使智慧财富的总量和细目有一个清晰的即时呈现,从而更好地完美地发挥智慧财富的作用。即使在微观层面的个人和家庭的智慧财富体系,也同样有管理到位的要求,所谓"麻雀虽小,五脏俱全"。财富的管理与财富的创造一样重要,而且从智慧财富的理念出发,财富的管理本身也是创造财富。因此,每一个人、每一个家庭、每一个企业,不仅要善于创造财富,更要精于管理财富,使其为自己为家庭的幸福服务,为社会为人类的繁荣与进步服务。

笔者以为,智慧财富的管理应该体现以下几个方面的原则:首先是动态均衡的原则,就是说,智慧财富要在动态中保持均衡增长。这一条特别重要,因为传统的财富观之所以要被智慧财富观所淘汰、替代,其决定性的一个原因就是,传统财富观只把眼光盯在物质财富或者叫有形财富,而没有把同样重要的精神财富或者叫无形财富放在足够重要的位置,使财富的占有比例严重失调,"物质的富豪,精神的乞丐"因此产生，社会发展畸形，精神文明渐趋式微，人类的幸福呈现残缺而没有完全的获得。我们提出智慧财富管理动态均衡的原则，就是要确保智慧财富的理念得到最好的贯彻，就是要使智慧财富因为智慧管理而获得均衡增长。

动态的要求，就是要使智慧财富的总量和各个组成都能够即时地掌握，不至于是一笔糊涂账，不至于是一地鸡毛。在宏观层面，比如全球层面、国家层面，或区域层面，开发利用智慧财富的管理系统（软件）或平台，引入大模型、大数据、云计算、互联网、物联网等最新高科技手段，使智慧财富的动态（即时）管理成为一种日常性管理。

这个智慧财富的管理系统，应该尽可能地穷尽和列举智慧财富体系的所有方面，尽最大可能做到不遗漏、不重复、不虚列，使财富状况的真实性得到有效的保障，从而为智慧财富的创造和利用发挥精准的数据支撑作用。

这个智慧财富的管理系统，应该具有预警提示功能，如果发生智慧财富的不协调、不均衡，或短缺或过剩时，能够在第一时间进行警示，以便采取及时的应对措施和对策，使财富的总量或配比重回理想的状态。

而在家庭或者个人层面，当然不一定需要用管理系统来进行智慧财富的管理，但也必须动态地掌握自身智慧财富的状况，以便及时进行纠偏补漏，使财富的拥有一直保持一个良好的状态。

均衡的要求，实际上是智慧财富的本质要求。就是要求智慧财富体系的内部构成和量的存在，总是很好地体现出拥有者的理想期望和总体需求。人类总是向往和追求幸福的生活，因而对财富的需求也总是多样性、生态的、文明的；物质和精神的财富，缺一不可。因此，在智慧财富的创造中，就要体现均衡性的要求，而在管理环节，就要对财富的均衡保持一定的敏感度。一经发现比例失调或者有失偏颇，就要及时地提醒，以便及时采取应对措施，使智慧财富体系保持一个健康良好的状态，以满足人们的期望和现实需求。

智慧财富管理的第二个原则叫做保值升值原则。这个原则很好理解，智慧财富管理的目的就是要使智慧财富能够通过管理的效能得到保值升值。

在智慧财富体系中，从宏观的层面看，有很大的一块是自然生态财富。这是老天赐予人类的财富，如江河湖海、大地山川、草原森林、沙漠湿地、地下矿藏，还有围绕地球的臭氧层，如空气、阳光，等等。表面上看，这些老天赐予的财富似乎都是取之不尽、用之不完的，其实不然。如果我们轻忽了在利用中的保护，肆意挥霍浪费，那么人类就是在犯下滔天大罪，老天赐予的自然生态财富也会消耗殆尽。这种自然生态财富具有唯一性，有的具有不可再生性，一旦造成毁灭性破坏，就是不可逆转的，永远无法弥补，也永远无法再次获得、再次享受。我们在管理中要坚持保值升值的原则，就是要求人类自身在不断的文明进步中，在不断争取更加美好幸福的同时，也要友好地对待自然生态，以实际行动表达我们的感恩和敬畏，要使自然生态因为人类的利用而获得向更好的方向演化和改善，为人类的持久安康幸福提供一个可持续的保障。

作为微观层面的智慧财富体系，也有自然微生态一项。就是个人和家庭，不仅要注重生活环境的自身维护和美化，更要注重对社会环境和人际关系的维护和优化。

智慧财富中还有一部分是物质财富。对其保值升值的要求，就是要使物质得到循环利用、零消耗利用，让物质财富永远处于一个累积的过程中，不断地丰富人类的物质文明。我们不提倡苦行僧式的生活方式，也绝不提倡土豪式的生活方式。物质的享用应该有一个合适的量入为出的度，我们的管理就是要这个度保持在最佳的状态。

智慧财富中的精神财富有一个独特的秉性，就是越用越多。我们的管理最主要的是让精神财富的产权，如专利发明、著作权、非遗产权等等，都能够在法律的保护下不受无端侵害，让那些抄袭、盗版、盗用的丑恶现象能够得到根治绝迹。

智慧财富保值升值总的要求，就是要让财富在管理中不断累积增长。

智慧财富的第三个管理原则就是财尽其用。财富之所以为财富，就在于它的价值。凡是有价值的东西，只有利用，其价值才会被体现、被释放。因此，管理财富不等于把财富锁在箱子里，而是要让它最大限度地发挥作用。但财富的利用要符合道德伦理的范畴，符合法律宗教的范畴。自然生态的利用也要有一个科学的态度，如这里修坝搞个水电、那里凿山打个隧道，这些都要有科学的论证，不能主观武断地决定。所有自然生态当然要为人类所利用，但所有的利用都必须坚持自然生态保持完好优化。

物质财富的利用，更要做到物尽其用。有个理论叫"物质不灭定律"，指此物质在一定条件下可以转化为他物质。但我们同样认为，物质的价值是在反复的利用中不断地被耗损的，最终可能要失去价值的。因此，物质财富的利用要做到物尽其用，让每一种物质财富都能够最大限度地发挥出其价值来。

至于无形财富的利用，比如精神财富的物尽其用，则是另外一道风景线。精神财富的特性，只有反复地使用才显示出其价值。例如一本书，需要尽可能多的人阅读，才会潜移默化地把作者的观点和体悟变为更多人的领悟；比如一个理论，必须通过更多的实践来验证来发挥理论的引领作用；比如一门技术，必须通过最大限度的传授，让它的价值被更多人在更多场合的使用中得到越来越大的显现。

笔者以为，智慧财富的管理，与智慧财富的创造一样重要，只有通过科学的管理，才能让所有的智慧财富不断丰富增加。

第三部分　创造篇——人人皆可成为新型富豪

打造智慧财富之锚

创造财富、追求财富几乎是人类与生俱来的本能，这是天经地义的事情，是完全光明正大的行为。每个人、每个家庭、每个企业、每一个国家都向往财富的不断增长，因为财富是幸福生活的基础和前提。但是，如何让到手的财富不会流失，如何让财富代代相传，如何超越"富不过三代"的魔咒呢？我给出的建议或答案是：以敬畏和感恩打造智慧财富之锚。

但前提是：你所拥有的财富，不是传统意义上的物质财富，而必须是均衡周全的智慧财富。必须让财富组成一个相互补充、相互抱团的生命组合体，使财富自身进入一个与时俱进的生命周期，并随着时代的变化，实现自我完善、自我扬弃，使智慧财富在岁月的沧桑历练中不断焕发出独有的智慧光芒和价值内涵。

保持对财富的敬畏，是我们财富观上的一种清醒和自觉。财富从来都是一把双刃剑，既有它温顺柔和的一面，又有它冷酷残忍的一面。就是说，财富既可以助人，也可以伤人。驾驭财富的最好态度，就是我们内心对它保持一种始终如一的敬畏。面对财富，我们必须清楚地知道它到底属于谁的权利；我们必须知道这个财富是通过什么样的转移渠道来到我们的手上；我们必须知道因为这份财富的获得有没有伤害到社会和他人；我们必须知道该以什么样的态度来善待它；我们必须知道该如何最大限度地发挥它的价值。

对财富的感恩，是我们对待智慧财富的一个智慧态度。我们是幸运的，因为我们成为地球的一个生命体，有机会参与财富的创造，有机会享受财富带给我们的美好和幸福。我们要感谢神奇而宽厚的大自然，使我们的生命有了一个立足之地，并赐予我们无限多的资源和适宜的生存环境。如果没有大自然的恩赐，我们将什么都没有、什么都不是；我们要感恩我们的前辈，是他们给予了我们生命，并为我们创造了从呱呱坠地到不断成长的条件，如果没有他们的哺育，我们或许永远只是襁褓中长不大的婴儿；我们还要感恩这个社会，使我们成为这个社会大家庭中的一员，分享着社会带给我们的各种便利和保障；我们更要感恩自己的努力，因为这种努力，使自己成为真正意义上的财富主人，并使生命具有了价值和意义。感恩你所拥有的一切财富，哪怕你的物质财富实际上是很少的，也要感恩。你的精神财富，你的人品、修养，良好的人际关系，还包括你的身体，健全又健康，都要感恩。因为，你至少还活着，还可以思维，还可以行动，还可以与这个大千世界做面对面的朋友。即使你暂时还没有多少财富，但你是一个潜在的富豪，只是还在努力地实现之中，你应当感恩自己有这样的机会并为此做出的努力。

对财富的所有敬畏和感恩，就是在打造智慧财富之锚。锚定你拥有的财富，不让它流失，不让它损毁，只让它不断增长，只让它不断丰厚。打造智慧财富之锚，不是一个手艺活，而是一场虔诚的人生修炼，是一个与生命周期同样长度的必修功课。

首先，要保持财富成分的清白，没有一丝一毫的不义之财，不含任何的杂质锈迹，使财富清白得"一尘不染"。要使到你手中的财富有一种"宾至如归"的感觉，或者叫作"非你莫属"的可靠。那些轻易获得的"横空财"，来得快，失去也快。举一个小小例子：一个人中了彩票大奖，在数百万的横空财面前，人变形了，行为变味了，最后被财富的巨浪淹没了。中了大奖，初看上去是大喜事、大好事，但如果不懂把控，不懂敬畏和感恩，到最后却是自找的悲剧和自陷的深渊。还有一些人，为了一些蝇头小利，争长论短，结果财富没到手，亲情友情也赔掉了。即便最后得到了一点点物质利益，但从智慧财富的角度看，还不是偷鸡不着蚀把米，或者叫作赔了夫人又折兵。

第三部分　创造篇——人人皆可成为新型富豪

其次，要修炼自己的德行和人格，以此来吸引财富的到来，让它自觉自愿地认你做它的主人。财富是通人性的，你是宽厚仁慈还是心狠手辣，你是睿智聪慧还是愚昧丑陋，它都能感觉得到。财富从来是从良从善的，不会从恶从坏。即使财富被罪恶所猎获，也不会轻易顺从的。良好的德行和人格是财富之锚，这一点是至关重要的一条。

再次，让财富发挥应有的价值。以往的传统观念中有一条叫"财不露白"，而在智慧财富的价值体系里，财富是要发挥其价值的。无论是个人的财富还是社会的财富，都应该让其发挥作用、体现价值。也许有人会说"财富是我个人的财富，我要让它咋样就咋样，为什么一定要让其发挥作用、体现其价值呢？"因为财富的本质属性决定了财富必须在利用中才能体现价值。这里可以做个假设：如果你有很多钱，却一直堆在床底下，那么这一堆钱就是一堆废纸。因为它的机体被禁锢了、价值被扼杀了。但如果把它作为投资，它可以通过新的途径发挥价值。如果作为慈善募捐，它也可以帮助社会，帮助更多的人。

再打一个比方：如果你有好的理念，一直放在自己的肚子里，那再好的理念都是没有价值的。但如果你把好的理念通过实践或通过演讲或通过文字，与很多人分享，给他人以启迪和助益，那你的理念就体现了价值；而且，这个价值的利用和发挥，不但没有使你的财富减少，反而使你的财富不断地丰厚和增加。本书也是笔者将自己的一些理念以文字的形式表达出来，分享给读者，让这些理念的价值有一个充分的呈现，而我的智慧财富也可以在这与读者的分享中不断增厚。

如果你对财富表达一种虔诚的敬畏和感恩，那财富也是一个智慧体，它就不会离你而去，它也知道在你那里有安全感、有温暖、受尊重，它要长久地待在你那里，和你结伴，与你相依为命，成为你的伴侣，成为你的家庭成员，并为实现你的梦想服务。

环顾周围，我们可以看到很多因为错误的财富观而酿出的恶果。有

智慧财富 人人皆可成为新型富豪

一些表现为对待财富的傲慢与偏见，视财富为任人摆布的奴隶，最后把自己摆布成了财富的奴隶；有一些表现为对财富的挥霍和浪费，结果在三下两下的折腾中，财富不知不觉中改名换姓，成为他人的座上宾；有一些表现为对财富的自私和不人道，扼杀了财富价值应该被利用的天性。

　　同时我们也耳闻目睹了很多令人欣慰的消息。很多财富（指智慧财富）的拥有者，在事关财富态度的修炼上，可谓潜心用功，得道高深。他们带着对财富的无限敬畏和感恩，将财富视为全社会的财富，自己既是财富的努力创造者，同时只是一个财富的临时保管者。财富不仅为他自己所用，但更重要的、更根本性的是将财富通过合乎道德的渠道回馈社会、反哺自然，让财富通过个人的努力不断地被创造出来，又不断地通过其价值的发挥，来推动整个人类社会不断向文明和幸福的方向演进。虽然，个人的努力和功效是有限的，或者是微不足道的，但却是功德无量的。我看过报刊上的一则报道，苹果公司创始人乔布斯的遗孀要裸捐她所拥有的250亿美元，她说自己对钱不感兴趣。丈夫创造了一个伟大的企业，夫人捐献出全部的资产。在我国，也有类似对待财富怀有敬畏和感恩、慷慨作出巨额捐赠的富豪。他们的义举不仅是做人的一面旗帜，更是这个时代的感人印记。

第三部分　创造篇——人人皆可成为新型富豪

让每一天都处在智慧财富创造的愉悦之中

我们每一天都可以创造财富

人活着的意义就在于创造价值，而人的所谓幸福感也往往来自生活的充实而有意义，能够为自己、为家人、为社会创造价值。而价值是需要用财富来体现的，不管是物质财富还是精神财富。人的一生，创造的价值越大，也就是说创造的财富越多，生命的意义就越大。如果一个人坐吃等死，也就失去了生命的意义，失去了人生的价值。真正无所事事、百无聊赖的日子，即使再怎么衣来伸手、饭来张口的享受，其实是体会不到生活真正的情趣和欢乐的。树立起智慧财富的理念，让每一个普通平凡的日子，都处在智慧财富创造的愉悦之中，让我们的生活充满诗意和向往。

或许有人会说，这怎么可能呢？日子本来就平淡无味，怎么叫它变得津津有味呢？也有人会说，感觉自己每一天都紧绷绷的，像被赶着的牲口一样，哪有什么乐趣可言呢？还有人会说，感觉每一天都空落落的，哪有这么多的诗意和向往呢？其实，这一切都是因为还没有把智慧财富的理念贯穿于自己的生活中，没有让智慧财富的创造变为一种生活的常态和习惯。

我们可以假设一下：如果今天是个星期天，不上班，可以在家休息，我们想彻底放松一下自己，那么这一天能与智慧财富的创造搭上什么边吗？实际上，按照智慧财富的理念，我们每一天都可以在创造财

智慧财富 人人皆可成为新型富豪

富。就说你今天要彻底放松一下吧，也可以处在创造智慧财富的状态。因为，可能你前段时间一直加班工作，身心都有些疲惫，确实需要休整一下，那么你利用星期天，彻底放松一下，就可以消除你的疲惫，恢复你的体力，使你有一个良好的精神状态，重新投入工作。对你的身心健康加分，就是一种智慧财富的创造。因此，你的休息是值得的、有价值的，要很好地安排好。如果，你在一天的休息中读了一本有益的书，那就既休息了，又在休息过程中增加了知识。如果你在休息的一天中还和好朋友一起喝了茶、聊了天，那就在休息过程中加深了人际交往，增进了友谊和感情，那也是在你的智慧财富总量中增加了新的筹码。如果你在一天的休息过程中还去公园打了太极拳，那又在你的智慧财富总量中加了分，在你身体得到锻炼的过程中，你的武艺又有新的精进。或者，你休息的一天中还唱了歌，或者去郊外散步，或者去参观了博物馆，或者去父母那里看望了他们，或者你什么也没做，就是睡了一大觉……所有的这些，如果从智慧财富的理念来衡量，都是有意义有价值的，都是在创造智慧财富。因为在智慧财富的体系中，精神财富与物质财富具有同等重要的位置。如果没有精神财富，纯粹用钱财构成的财富，那不是智慧财富，这个财富是残缺的、不圆满的，是无法获得完整的幸福感的。而在真正的智慧财富体系里，物质财富与精神财富相互滋养、相互补充，构成了均衡圆满的财富组合，为幸福的人生奠定了基础。

所以，我们不仅要把上班工作、做生意作为创造财富的过程，而且要把日常生活的时时刻刻都作为创造财富的过程，这样才能体悟到生活的意义和价值，这样才能感觉到生活的有滋有味。

第三部分　创造篇——人人皆可成为新型富豪

如何让自己处在智慧财富创造的愉悦中呢？

在这里，与你分享几点建议，仅供参考。

首先，你应该从心底里真正相信我们的生命充满了阳光，我们的人生充满了希望，即使遇到风雨也是暂时的，风雨过后就是彩虹；相信你能到地球上来走一遭，就是你最大的幸运；相信你的每一天都是在享受生活。你应该从里而外都没有一丝一毫的杞人忧天的抱怨，也没有一丝一毫的冷若冰霜的麻木，你的心里应该永远燃烧着一腔热情之火。只有积极向上的人生态度，才能够认定你为智慧财富的创造做好了精神上思想上的准备，你才会感觉到每一天都有投身生活、创造财富的冲动和激情。

其次，你要清楚地意识到智慧财富的本质和内涵、知道哪一些属于智慧财富的范畴，这样你才能有一种创造财富的自觉。要不然，你所做的事、所消耗的时间，都不知道是干了什么，那就可能陷入一种漫无目的的时间流浪。到最后，你也不清楚究竟收获了什么，你就没有充实感、成就感，也就没有愉悦感。

再次，你要把时间和精力放在你认为最有价值最有意义的事情上。做你喜欢做的事情，容易使你的身心进入最佳状态，或者叫作痴迷的状态。这样的状态最容易达到事半功倍的效果，创造出令自己也不敢相信的成就或奇迹。

次外，智慧财富的创造哪怕是一点一滴的累积，最好都要记录下来，供自己来反复地肯定自己。因为只有清点、记录，才能知道进展和收获，才能进一步增强信心和保持努力的动力。

最后一点，也是很重要的一点，智慧财富的创造过程之所以是一个愉悦的过程，就是因为我们提倡：创造的过程与享受的过程是同步的，创造即在享受，享受即在创造。因为自己喜欢，因为明白自己的所作所为是有价值的，因而心情是愉悦的，过程是享受的，没有一点苦行僧的感觉。我们说创造即享受，就是要在创造的同时，不断地褒奖自己，为自己加油鼓劲。奖励自己的方法很多，完全因人而异。可以是一顿美餐小酌，可以是一场电影娱乐，可以是一次远足旅游，也可以是一觉睡到自然醒，等等。你还可以将你财富创造的乐趣和经验分享给你的家人、朋友，让财富的创造成为连接良好人际的纽带；还可以将你的智慧财富创造预设一些小的阶段性目标，让你对目标的达成产生一种憧憬和加倍努力的冲动。

从今天开始，定投你的人生

从今天开始，定投你的人生。

定投，是金融投资上的一个术语，是长期投资的一个策略。定投人生是一种比喻，就是将定期投资的策略应用于个人发展和生涯规划，应用于财富创造和财富积累。这种理念强调持续不断地投资自己的成长和发展，以实现人生长期的目标和愿景。

设定一个清晰的人生目标，是定投人生的出发点。我们也可以将这个目标表述为成为一名富豪。当然，这个富豪不是传统的有钱人的那种富豪，而是秉持了智慧财富理念的真正意义上的新型富豪。

当然，这个目标确定以后，接下来就是每时每刻、每日每月围绕这个目标的定投。这个定投的内容和具体方法因人而异，没有一个固定的模式。可以是知识上的积累，那么是每天不断地阅读和思考；可以是技艺上的提升，那么是每天不断地探索和尝试；也可以是身体上的强健，那么是每天不断地健身锻炼。

但最基本的一条，就是时间的定投。不是有一个"一万小时定律"

吗？三百六十行，不管哪一行，经过一万小时的有效投入，就会成为这一领域的行家里手。我相信，你能行！

制定规划并不难，开始定投也并不难，难的是日复一日、年复一年的坚持。再以笔者自己为例，因为我自幼得哮喘病，严重影响到了我的学习、工作和生活。后来，我开始习练传统武术，到如今已坚持了三十二年，每天至少投入两小时，而且一天也不曾间断。这种日复一日的对身体的定投，使我得到了巨大的回报，哮喘病基本痊愈了，身心一直处于比较健康的状态。有朋友对我赞叹，这真是一个奇迹！我想这个奇迹的产生，应该归功于长期定投于习武健身，日积月累，才有了现在健康红利的收获。

诚然，人生的定投不是不问效果和回报的傻做之举，而是要不停地加以反馈和总结，不断地调整和完善定投策略，以达成定投回报的最大化。因为同样的时间和精力，产生的回报是不一样的。

定投是一个小步不停、细水长流的过程，不要指望一口吃一个饼、一锹掘一口井。我们拼的是耐力，拼的是长劲。瞬间的爆发力当然好，但持久力更为可贵。

定投，不一定每天都看得出回报，但它一定是一个潜移默化的积累过程。对此，你要充分地相信：凡事从量变到质变，只要坚持，奇迹总会出现的。

学会生活中的排列组合，每天做好最重要的事情

一个人每天都要面对很多事情，有学习上的，有工作上的，有生活上的，还有应酬上的，等等。如果要齐头并进一起做，纵然有三头六臂，也可能应付不过来。怎么办？我们不可能盲目地猫头上抓一把、狗头上抓一把；我们也不可能毫无选择地眉毛胡子一把抓。我们

必须学会"弹钢琴",学会排列组合,学会根据轻重缓急,科学地安排一天的日程。先做什么,后做什么;哪个要重点做,哪个可以忽略,孰轻孰重,都要心中有数。这样才不至于慌乱,才不至于在不值一提的小事上花费太多的周折,也不至于让重要紧急的事情被琐碎的小事所淹没。

说实在话,时间对每一个人都是很公平的。一天就是二十四小时,一年就是三百六十五天,但如果学会了排列组合,巧妙地运用点滴时间,就会起到事半功倍的效果,让你面对纷繁复杂的事务,依然能够保持从容镇静,处理得井井有条。

打个比方吧。对于上班族来说,早晨的时间贵比黄金。准点起床后,要穿衣、洗漱、上卫生间、备早餐、整理床铺,可能还要送小孩上学,还要安顿老人,等等。这个时候,你要想好,把所有早晨要处理的事情,作一个最佳的排列,哪个先做、哪个后做、哪几个可以同时做,把有限的时间折叠起来。比如,先把早餐用蒸锅蒸上,然后再洗漱或整理家务。这里仅仅是打个比方,因为每个人的生活场景和内容都不同,每个人都可以有自己最佳的排列组合。

当然,我们说的排列组合,实际上更多地是对自己的生活、学习、工作的合理安排。它可以是一天的安排,可以是一个月的安排,也可以是一年的安排,还可以是人生某一阶段的安排。比如,学生时代,学习排第一位,因为增长知识是重要的事情;青壮年时期则把工作排第一位,因为要赚钱养家糊口;而进入老年行列,则把健康放在第一位,因为晚年的首要目标是身心健康、安度晚年。

总之,学会排列组合,并每天做好最重要的事情,是一种高效的时间管理和优先级设定方法。下面是一些基本的步骤和策略,供你参考。

首先,明确你的长期目标和愿景,比如:要成为一名工程师或者一名作家。明确了目标和愿景,有助于你据此确定哪些事情最重要,值得

第三部分　创造篇——人人皆可成为新型富豪

优先处理。

其次，列出任务和活动。每天或每周，列出你需要完成的所有任务和活动，这应该包括工作、学习、家庭、健康和个人兴趣等方面的任务。然后，使用"紧急与重要"矩阵来评估每项任务的优先级。将任务分为四类：紧急且重要、紧急但不重要、重要但不紧急、既不紧急也不重要。根据你的优先级评估，重新排列任务列表，确保"紧急且重要"的任务排在最前面。

再次，为每项任务分配特定的时间段。在日程表上安排这些任务，确保有足够的时间来完成最重要的任务。对于"重要但不紧急"的任务，避免拖延，因为这类任务往往与你的长期目标紧密相关，因此应给予足够的关注。

次外，你应该学会拒绝那些不重要或不符合你目标的请求和干扰，这将帮助你保持专注于最重要的任务。

你还要定期回顾你的目标、任务列表和日程安排，根据实际情况调整你的计划，确保你始终专注于最重要的事情。比如，一天结束时，花几分钟时间反思今天完成了哪些任务，这些任务是否是最重要最紧急的任务，以及你是否有效地利用了你的时间。

在实际操作中，我们还可以利用一些工具和资源，例如，使用日历、备忘录、待办事项列表、时间管理应用程序等工具来帮助你跟踪和管理任务的推进。

通过科学的排列组合，你完全可以高效地利用时间，专注于重要而紧急的事情，让有限的时间释放出无限的工作潜能，从而助力你一步一步接近人生目标和愿景。

集中人生资源,攻其一点,争取某一方面的成功

人生可能面临许多目标,可能面临很多诱惑,谁都希望这辈子活得精彩一点、成功一点。确实,人生百年,想要得到的东西很多,但人的精力、时间是有限的,人的才能和天赋是各异的,你不可能成为全才,在许多领域都有惊人的建树。你只能根据自己的兴趣爱好和自身的各方面条件,择其一二,集中所有的人生资源,攻其一点,争取某一方面的成功。

有句老话说得好:"贪多嚼不烂",还有一句古训叫作"鱼和熊掌不可兼得",因此要想尽早取得成功、有所作为,就要在人生的起步阶段,自觉地根据自身的优势和特长,选择好自己的人生目标。比如:经商,做企业家;或者做学问,成为某一领域的学问家;再或是掌握一门技能,成为某一行业的专家,等等。这个目标应该是具体的、积极的、可衡量的,并且是你内心强烈渴望达成的目标。

你一旦定下目标,就要调动自身的所有资源,还包括外在的可能利用的资源,为其所用。你要认真地检点你可利用的时间,你可调动的资本,你可利用的人际关系,你所掌握的知识技能,等等。就像开战前,把所能利用的弹药物资清点准备,增强你开战必胜的信念。一旦开战,就要全力以赴,把所有的能量和时间向着你的目标聚焦,不要有一丝一毫的精力分散,也不要有一丝一毫的行动懈怠,久久为功,直至达成目标。

当然,这里有一个策略的问题,供你参考,就是有一种理念:补短板。就是说任何一个人有长处,也有短处,要充分认识自己的短处,然后花费时间和精力把自己的短板补长。有一个著名的"木桶理论",是说一个人达到的事业高度,是由这个人的素质"木桶"上那块最短的板

第三部分　创造篇——人人皆可成为新型富豪

决定的，因为成功之"水"只能装到你最短的那块板的位置。笔者认为这个理论有一定的科学性，但也容易误导了人的努力方向。一个人如果要想更快地取得成功或者有所建树，最应该做的是：优先把自己的特长再拉长，要在自己的优势领域发力，要在自身与众不同的专长上用劲，这样才会更快有可能取得成功。说得更直接一点，就是忽略自己的短处，把自己的长处最大限度地拉长，拉到别人够不到的地方，你就有了赢的胜算，也有了成功的可能。

笔者为什么倾向于宁愿把自己仅有的一点长处拉长，也不要把力气和精力放在补自己的短板上呢？因为，即使把自己的短板补齐了，你也只不过是一个各方面都说得过去的平庸之辈，而补的过程却消耗了你巨大的人生成本，包括时间、精力和资本，且极大地延缓了你本可以取得的成长和进步，或者丧失了你本可以取得成功的机会。假设来说，你的外语不行，可你觉得这是自己的一个知识技能上的短板，需要补齐它才完美，可你人生目标是想成为一个画家，而且你在这方面已初步展现了天赋，那么你完全可以忽略外语这个短板，而是把精力和时间集中于写生、临摹，集中于画技的揣摩、创作的构思上。

世界上的天才是有的，全才也是有的，但那都是凤毛麟角，甚至说几十年、几百年才出一个。应该承认，我们都是凡夫俗子。我们的人生只能在某一方面有一点作为，创造属于自己的智慧财富。因此，我们不必苛求完美，不必在意自己某一方面或者某几方面的平庸，而是将自己所有的努力聚焦到自己的闪光点上，让其的光芒更耀眼一点。

当一个目标完成以后，我们要及时为自己抬高标杆，寻求新的目标定位，然后进行新一轮的时间、精力和资本的聚焦，争取新的成功。大凡成功的人士都是这样的，都是在某一方面出类拔萃，在某一领域独占鳌头。

诚然，我们倡导把所有的资源和精力集中于一点，然后全力以赴去争取成功，但同时也建议在这个过程中要关心自己的身体，照顾到自己的家人，尽可能不影响到正常的生活。

你准备好了吗？

亲爱的读者，你准备好了吗？准备好智慧财富创造所需要的积极心态了吗？准备好智慧财富创造的预期小目标了吗？你愿意为自己的财富创造而褒奖自己吗？你愿意与你的家人和朋友一起分享财富创造的经验和乐趣吗？

财富创造的准备，最重要的是心理、理念上的准备，因为，即使客观的条件再好，你本人如果没有创富的冲动，或者依然徘徊于"我到底能不能成为富豪"的犹豫之中，那么，你离富豪的距离将一直那么遥远，不可能缩短一公分。

你应该非常自信地大声地对自己说："我已经准备好了，现在就开始行动！"那么恭喜你，今天就是你人生的伟大节日，因为从现在开始你将要开启成为人生富豪的崭新旅程。这是一个面向风雨和彩虹的日子，这是一个即将收获财富与成功的季节。

是的，智慧财富的创造是一种充满愉悦的创造，它摆脱了以往传统财富创造的种种苦行僧式的做派，也不会因为创造财富而以牺牲自己的身心健康为代价。恰恰相反，智慧财富的创造过程，也是一个享受人生、成就人生的过程。

来地球走一遭，我们每一个人只有一次机会。既然只有一次机会，何不让人生百年活得更富有、更有价值一些呢？

人人皆可成为新型富豪，我相信，你也可以！

后　记

这本新著《智慧财富：人人皆可成为新型富豪》是我的《智慧经济：迈向人类经济的自由王国》（南京师范大学出版社 2014 年出版）一书的姊妹篇。

《智慧财富：人人皆可成为新型富豪》一书得以正式出版，于我而言，自然是一件非常高兴的事情，因为，这不仅是献给自己七十岁的生日礼物，也是个人创造的又一笔智慧财富。

2016 年，我从写给女儿的信中挑选出 55 封信编辑成集，以《山风拂过百合——一位五零后老爸给女儿的家书》为书名由东南大学出版社正式出版。该书一经出版，广受家长和学生的欢迎，很多家长不仅自己读，还推荐给孩子读。本地报媒还作了专门报道，把这本书信集誉为"草根版的《傅雷家书》"。很多家长阅后反馈说："你的家书很励志，从中得到了很多有益的启示，对孩子的成长很有助益。"还有的读者给予了较高的评价，说："这本书信集是一笔不可多得的智慧财富，感谢作者与我们一起分享交流。"

言者无意，听者有心。智慧财富？我第一次从别人的褒奖中感觉到自己原来也是如此的富有，而且这种富有不需要"财不露白"，大可向所有人和盘托出，大可与所有需要的人交流与分享。而且对我来说，这种交流与分享没有让我失去一分一厘，反而使自己更充实、更丰富、更有成就感。书信集出版后，我先后无偿赠送了近千册图书给一些学生和家长朋友，心里感觉特别地美，似乎这是自己的人生第一次如此有价值的付出。我曾经遭遇过辍学的无奈、遭遇过哮喘疾病的痛苦折磨、遭遇过没钱的窘迫，而此时，我却感觉自己破天荒地做了一回富豪。

正是这一偶然的动机触发，让我对智慧财富的探究产生了浓厚的兴趣。如果我的书信集是智慧财富？那么还有哪些可以归属于智慧财富的范畴呢？不想不觉察，一想可真是不得了。亲情、友情、爱情、善良、诚信、修养，等等，这些都可列为智慧财富。可以说，从个人、家庭、企业的不同层面，智慧财富是一个巨大到无可计量的财富之矿，有着无限广阔的开采价值。于是，从这一刻起，我就决定要做一件事：研究智慧财富，并将思考和研究的心得形成文字性成果，做一个智慧财富理论的最初探路者。

诚然，研究与写作是一件严肃的事情，更何况所涉足的课题又是经济学范畴的全新领域。写作过程中，我总是怀着一种对智慧财富的敬畏之心。每一次坐于电脑前，开始用键盘敲打文字时，我总要情不自禁地先做一个深呼吸，以此平复一下起伏不定的心绪，让思维以最佳的理性状态进入写作，让每一个文字的呈现，都是深思熟虑后的忠实记录。

《智慧财富：人人皆可成为新型富豪》的初稿，是在三年"新冠"疫情防控期间撰写的。那段时间，根据防疫的要求，生活基本上以宅家为主，正好让我有了充裕的时间，专注于本书的写作。从去年五月下旬开始到十月中旬，我又对初稿先后进行了三次增删、修改和润色。为求得写作环境的安静，书稿的修改是在我楼下的小车库里进行的。因此，也可以说，这本新著是小车库的产物，出身虽然卑微，但文字充满自信。

新著出版之际，心中自然有很多的感谢需要表达。

我首先要感谢我的爱妻。在整个写作期间，我得到了爱妻的宠溺，免除了我本应该共同料理家务的责任，让我有充分的时间专心于写作。

我还要感谢我的女儿。女儿是资深的注册会计师，工作非常繁忙，但还是抽出时间阅读了我的初稿，并提出了非常有益的修改建议，给予了老爸的写作以最大的鼓励和帮助。

我要特别感谢我的老同学，汉德资本主席、原瑞士银行亚洲区主席蔡洪平先生。他是知名的国际金融家，曾被香港媒体誉为"中国民营企业香港上市之父"。蔡洪平先生是我58年前的初中同学，实际上我们同窗只不足半年（我因病辍学）。洪平兄虽年过七旬，依然在国际投资舞台上纵横捭阖、日理万机。当我试探着请求他为我的这本新著撰写推荐词时，他竟欣然应允。半年同窗情，竟穿越半个多世纪的光阴，依然厚重如初，让我感动得热泪盈眶。

我还要感谢我的好朋友们。尽管对本书的写作，我一直以一种"地下工作者"的状态进行，除了家人外几乎无人知道，但我的好朋友知道我一直在勤奋、在努力，每有见面，他们总是以暖心的话语表达对我的鼓励和期待。尽管在这里没有一一提及他（她）们的名字，但在我的内心深处，一直怀有深深的感恩。

我还要真诚地感谢出版社的编辑褚蔚老师和孙松茜老师。这本新著有这么耳目一新的状态呈现，与编辑老师的智慧付出是分不开的。

最后，我还要感谢一下自己。是内心的冲动和渴望，是对文字的痴迷和坚持，是对思考的自觉与深入，才有了这本新著从"十月怀胎"到"一朝分娩"的惊喜时刻。

这本书的出版，于我而言，是人生又一个新的起点。

生命在蓬勃，思考和写作在继续。写作的过程，也是创造智慧财富的过程，更是享受生命、体现人生价值的过程，何乐而不为呢？

何惠石

2025年2月25日